ENCYCLOPEDIA

新昆虫记

水下危险派对

常凌小◎著　[俄罗斯] 德米特里·内波姆尼亚什奇◎绘

NEW RECORDS OF INSECTS

北京联合出版公司
Beijing United Publishing Co.,Ltd.

图书在版编目 (CIP) 数据

水下危险派对 / 常凌小著；(俄罗斯) 德米特里·
内波姆尼亚什奇绘 . —北京：北京联合出版公司 , 2023.4
（新昆虫记）
ISBN 978-7-5596-6622-2

Ⅰ . ①水… Ⅱ . ①常… ②德… Ⅲ . ①昆虫 – 儿童读
物 Ⅳ . ① Q96-49

中国国家版本馆 CIP 数据核字 (2023) 第 025405 号

新昆虫记
水下危险派对

出 品 人：赵红仕
项目策划：冷寒风
作 者：常凌小
绘 者：[俄罗斯] 德米特里·内波姆尼亚什奇
责任编辑：李艳芬
项目统筹：李春蕾
特约编辑：李 晨 霍丽娟 韩 蕾
美术统筹：吴金周
封面设计：周 正

北京联合出版公司出版
（北京市西城区德外大街83号楼9层 100088）
艺堂印刷（天津）有限公司印刷 新华书店经销
字数10千字 720×787毫米 1/12 3印张
2023年4月第1版 2023年4月第1次印刷
ISBN 978-7-5596-6622-2
定价：170.00元（全9册）

目录

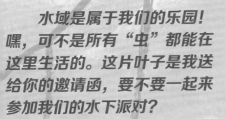

水域是属于我们的乐园！嘿，可不是所有"虫"都能在这里生活的。这片叶子是我送给你的邀请函，要不要一起来参加我们的水下派对？

什么是昆虫

昆虫是种类最多的生物类群。判断一种小动物是不是昆虫，只要看身体特征就能够识别。

身体分三节

昆虫身体通常分为三节：头部、胸部和腹部。

刚毛状触角　丝状触角　念珠状触角　棒状触角　锤状触角　锯齿状触角　栉齿状触角　羽状触角　肘状触角　环毛状触角　芒状触角　鳃状触角

触角各不同

昆虫的头部都拥有1对触角，形状各不相同，它们在昆虫的生活中主要充当着鼻子的角色，还具有触觉功能。

蜘蛛、蜈蚣足太多，通通走开。

我也有六足，却被昆虫学家"踢"出昆虫纲了。

跳虫

长在各处的"耳朵"

昆虫的"耳朵"大多不长在头上，而是长在了身体的其他部位。你能找到吗？

一些昆虫会通过胸腹两侧的气门吸入空气。

40

8

6

昆虫

数一数足有几对

昆虫都有三对足，也就是六条腿，这是鉴别昆虫和其他动物的一个重要标志。

各有分工的眼睛

昆虫的眼睛有单眼和复眼两类，复眼是由许多小眼组成的。

1　2　3　4　5　6

蝗虫
咀嚼式口器

蜜蜂
嚼吸式口器

蝇类
舐吸式口器

蝇类幼虫
刮吸式口器

虹吸式口器

蝴蝶

蓟马
锉吸式口器

啥都能吃的嘴

昆虫的嘴在生物学上叫作"口器"，又叫取食器。昆虫为了适应不同的食物和取食方式，其口器分化为不同类型。其中既有能吸汁液的"吸管"，也有能穿破障碍的"针刺"。

蚁狮
捕吸式口器

虻
刺舐式口器

蚊子
刺吸式口器

或多或少或无的翅

大多数昆虫的成虫均有两对翅，靠近头部的一对翅称为前翅，后面的一对翅称为后翅。不过有的昆虫前翅或后翅发生了变形，有的干脆生来无翅。

昆虫纲的建立

一个叫林奈的人率先建立了"昆虫纲"这个概念，他根据昆虫有无翅膀以及翅膀的构造，将昆虫纲分成了7个目。

欢迎来到昆虫世界！

凡有植物生长的地域都有昆虫。人类利用一些捕猎本领高强的昆虫，抑制迫害森林、农作物的昆虫。

SYSTEMA
NATURÆ

出色的飞行员

如果你在水边发现了一架速度超快的"迷你直升机",那一定就是我——蜻蜓。

炫酷的飞行特技

除了飞得快,我还能做超高难度的飞行特技,横着飞、竖着飞、空中静止、急转弯都是小菜一碟。这两对膜翅就是我的最佳飞行装备。

别和蜻蜓比速度

如果你想和我比速度,那一定会输得很惨,世界上跑得最快的人,才能刚刚赶上我的速度。而速度最快的帝王伟蜓可以追上飞驰的火车!

帝王伟蜓是蜻蜓中的"巨人"。

前进!

后退!

空中静止!

约40km/h 蜻蜓

约130km/h 帝王伟蜓

约130km/h 火车

约8km/h 苍蝇

约20km/h 蝴蝶

约40km/h 跑得最快的人(截至2022年)

博尔特也只能刚刚赶上蜻蜓的速度。

走路?别难为蜻蜓了

比飞行,我可是一等一的厉害,但如果比走路,那就太难为我了。我几乎不走路,爬行能力也比较弱。不过对我来说,似乎也不需要走路,会飞就可以了。

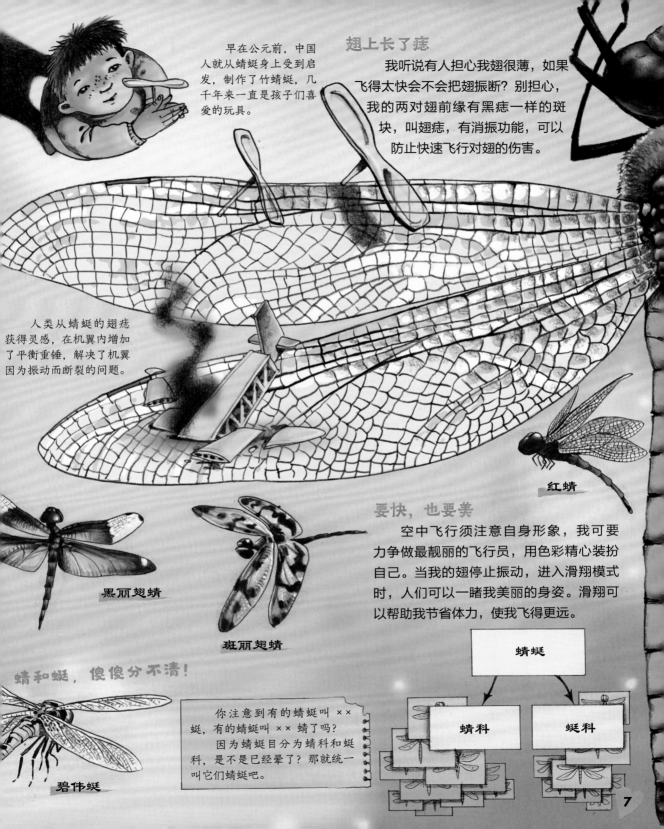

早在公元前，中国人就从蜻蜓身上受到启发，制作了竹蜻蜓，几千年来一直是孩子们喜爱的玩具。

翅上长了痣

我听说有人担心我翅很薄，如果飞得太快会不会把翅振断？别担心，我的两对翅前缘有黑痣一样的斑块，叫翅痣，有消振功能，可以防止快速飞行对翅的伤害。

人类从蜻蜓的翅痣获得灵感，在机翼内增加了平衡重锤，解决了机翼因为振动而断裂的问题。

红蜻

黑丽翅蜻

斑丽翅蜻

要快，也要美

空中飞行须注意自身形象，我可要力争做最靓丽的飞行员，用色彩精心装扮自己。当我的翅停止振动，进入滑翔模式时，人们可以一睹我美丽的身姿。滑翔可以帮助我节省体力，使我飞得更远。

蜻和蜓，傻傻分不清！

你注意到有的蜻蜓叫 ×× 蜓，有的蜻蜓叫 ×× 蜻了吗？

因为蜻蜓目分为蜻科和蜓科，是不是已经晕了？那就统一叫它们蜻蜓吧。

碧伟蜓

蜻蜓

蜻科

蜓科

7

空中捕猎高手

你可不要小瞧我，我其实是一只很凶残的捕猎高手，等我捕起猎来你就明白我的厉害了！

咀嚼式口器赋予了蜻蜓极强的杀伤力，帮助它快速吃光猎物。

蜻蜓的足虽然不会走路，但却能牢牢地抓住猎物。

边飞边捕猎

在上一页我就讲过，我的飞行速度很快。我可以瞬间追上目标，用前足轻松一夹就能制伏猎物。

速度上的巨大差异让猎物难以逃脱。

抓住猎物，足部形成的牢笼让猎物插翅难飞。

塞进嘴里，用锋利的上颚撕咬。

扔掉残渣，继续寻找猎物。

捕猎需要好眼力

要想当好掠食者，眼疾"足"快很重要。我两只大大的复眼几乎霸占了整个头部，每只复眼由上万只小眼组成，每只小眼都能捕捉光线。再配上灵活转动的头部，让前后左右的猎物都休想逃离我的视线。

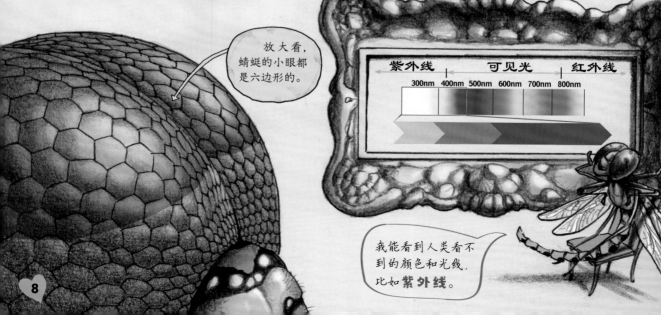

放大看，蜻蜓的小眼都是六边形的。

紫外线	可见光	红外线
300nm 400nm	500nm 600nm 700nm	800nm

我能看到人类看不到的颜色和光线，比如**紫外线**。

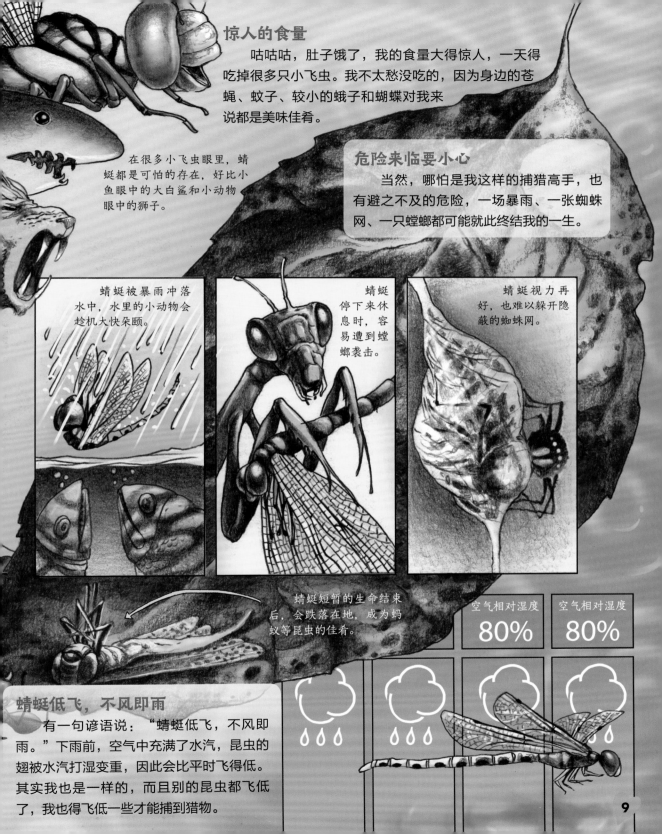

惊人的食量

咕咕咕，肚子饿了，我的食量大得惊人，一天得吃掉很多只小飞虫。我不太愁没吃的，因为身边的苍蝇、蚊子、较小的蛾子和蝴蝶对我来说都是美味佳肴。

在很多小飞虫眼里，蜻蜓都是可怕的存在，好比小鱼眼中的大白鲨和小动物眼中的狮子。

危险来临要小心

当然，哪怕是我这样的捕猎高手，也有避之不及的危险，一场暴雨、一张蜘蛛网、一只螳螂都可能就此终结我的一生。

蜻蜓被暴雨冲落水中，水里的小动物会趁机大快朵颐。

蜻蜓停下来休息时，容易遭到螳螂袭击。

蜻蜓视力再好，也难以躲开隐蔽的蜘蛛网。

蜻蜓短暂的生命结束后，会跌落在地，成为蚂蚁等昆虫的佳肴。

空气相对湿度 **80%**　　空气相对湿度 **80%**

蜻蜓低飞，不风即雨

有一句谚语说："蜻蜓低飞，不风即雨。"下雨前，空气中充满了水汽，昆虫的翅被水汽打湿变重，因此会比平时飞得低。其实我也是一样的，而且别的昆虫都飞低了，我也得飞低一些才能捕到猎物。

蜻蜓点水为了啥

蜻蜓点水你见过吗？也许你会想，蜻蜓真调皮，跟你一样爱玩水。其实，我才没有在玩呢，这可是一个重要的任务——产卵。

摆一个心形

我们蜻蜓繁育后代的方式很特别，雄蜻蜓会利用腹部末端抓住雌蜻蜓的头部，一起摆出一个心形姿势进行交配。

有的人会利用雌蜻蜓吸引雄蜻蜓，在绳上拴一只雌蜻蜓来回晃，雄蜻蜓就飞来了。

人类，请放开我们！

小心青蛙

点水时刻到啦

我产的卵要在水中才能孵化。我们成双成对盘旋在水面上，寻找产卵的地方。我利用腹部在水面轻轻一点，水面荡起一圈圈水波。我飞走后，水中留下一枚枚小小的卵。

蜻蜓产卵需要贴近水面飞，危险重重。轻轻一点就得赶紧飞走，不能逗留。

幼虫水中生

看！稚虫水虿（chài）出来了，那就是我的孩子。经过多次蜕皮，它才能爬出水面变成我现在的样子，这个过程也许需要几个月，也许是两三年。不同种类的蜻蜓，需要的时间也不一样。

水虿用腹部缓缓地吸水、排水，完成呼吸。

这是什么武器

水下捕食记

别看我的孩子还小，可它凶猛的个性一点儿也没输给我。它平时躲在淤泥、水草中，伺机捕食蝌蚪、孑孓（jié jué）、小鱼，利用可折叠的大颚发起攻击。

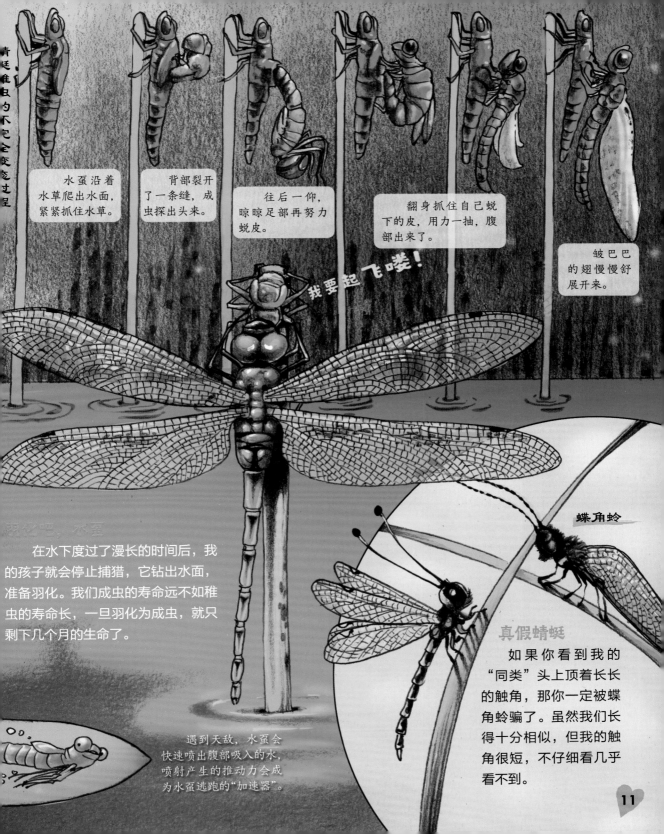

水蚤沿着水草爬出水面，紧紧抓住水草。

背部裂开了一条缝，成虫探出头来。

往后一仰，晾晾足部再努力蜕皮。

翻身抓住自己蜕下的皮，用力一抽，腹部出来了。

皱巴巴的翅慢慢舒展开来。

我要起飞喽！

别伤心，水蚤

在水下度过了漫长的时间后，我的孩子就会停止捕猎，它钻出水面，准备羽化。我们成虫的寿命远不如稚虫的寿命长，一旦羽化为成虫，就只剩下几个月的生命了。

遇到天敌，水蚤会快速喷出腹部吸入的水，喷射产生的推动力会成为水蚤逃跑的"加速器"。

蝶角蛉

真假蜻蜓

如果你看到我的"同类"头上顶着长长的触角，那你一定被蝶角蛉骗了。虽然我们长得十分相似，但我的触角很短，不仔细看几乎看不到。

11

豆娘

我是豆娘，不是蜻蜓

我也喜欢在水边飞来飞去，人们总是把我当成缩小版的蜻蜓，其实我有一个更加可爱的名字——豆娘。

身材娇小的肉食者

别看我一副纤弱的模样，我也是个吃肉的昆虫。不过我只能吃蚊子之类的小昆虫。

豆娘喜欢凑在一起，像不像几个亭亭玉立的小姑娘在聊天儿？

姐妹时间

和蜻蜓比一比

如果仔细观察，我和蜻蜓还是有很多区别的。

1. **看体形**：我的体形更娇小，长着纤纤细腰，更加"苗条"。

2. **看翅**：我停栖时翅收束起来。蜻蜓停栖时翅大都展开。不过，也有例外。

3. **看复眼**：这一招很好用，我的复眼在头的两侧，两眼之间距离比较宽。大多数蜻蜓的复眼却挤在一起。这样区分简单吧？

4. **看飞行**：蜻蜓飞得又快又灵活，我就略逊一筹啦。

藏在水草后面时，哑铃般的头部会轻易暴露豆娘的行踪。

小时候也不同

和蜻蜓一样，我小时候也叫水虿，但与蜻蜓的稚虫略有不同：它们的稚虫身躯粗壮，没有尾鳃；而我们在稚虫时期身躯细长，有三个尾鳃。我们利用尾鳃呼吸，顺便用来划水。

你怎么也敢叫水虿？

你有意见？

12

同一种爱心

我们豆娘交配姿势同蜻蜓一样，都是爱心的形状。交配之后，雄性豆娘和雌性豆娘连体飞行，雌性豆娘用腹部在水面植物上轻轻一点，进行产卵。直到产卵结束才分开。

糟了，眼睛往哪儿藏？

赤基色蟌

豆娘也爱美

我也是个爱美的昆虫，喜欢用翅打扮自己。瞧，下面还有比我更爱美的呢！叶足扇蟌（cōng）的足是不是很时尚？这是雄性叶足扇蟌，雌性的反而很低调。

丽拟丝蟌

漫长的冬季

回想冬天的时候，我还没长大，是以稚虫形态在冰面下的流水中度过的，只为等待羽化的那一刻。

只有极少数豆娘能以成虫形态度过寒冬，任凭冰霜覆满全身。在来年冰雪消融时，复苏过来。

叶足扇蟌

有时候，雌性豆娘顺着植物茎部潜到水下，把卵产在水生植物上，以保证后代的存活率。

好冷啊，我要变成冰雕了！

朝生暮死的昆虫

蜉蝣

我的一生即将走到终点。虽然我只不过是一只蜉蝣，可我还是希望有人能记住我，帮我记录下我这短暂但辉煌的一生。

我的祖先见过恐龙

独一无二的远古印记

我们蜉蝣来到地球已经约2亿年了，还从远古时代继承了一个独一无二的身份象征，那就是我腹部末端那长长的尾丝。

"朝生暮死"是真的吗

人们以为我们蜉蝣的寿命极短，早晨刚生，晚上就死亡。但实际上，我变为成虫之前，还要在水中度过1~3年或5~6年的漫长时光，还算是比较长寿的昆虫了。

到底要换多少件衣服，才能长出翅膀呢？

1~3年或5~6年　　　　　数小时至一周

到底要蜕几次皮

我的一生从妈妈产下的小小的卵开始。很快，我就孵化成稚虫，开始忙碌起来。我不仅要蜕皮超过20次，还要在水里寻觅藻类和小生物等美食。大概一年后，我发现自己长出了翅，这时候的我步入亚成虫阶段。紧接着，只需再次蜕皮我就能变成成虫了。

水质检测员

人们在受污染的水域很难看到我的踪影，因为我对污染很敏感。水域一旦遭到污染，我和我的同类就会成群死去，所以，要想知道一片水域是否干净，先看看有没有我的身影吧。

每年春夏之交，匈牙利的蒂萨河上数不清的蜉蝣羽化成虫、婚飞交配，是地球上壮美的奇观。

我要利用有限的时间，做有意义的事。

短暂的成虫生涯

现在我的生命进入了倒计时，只能活很短时间。这听起来有些悲伤，刚出水羽化，还没尽情飞翔，生命便将终结。所以我很着急，要在一天内完成我的使命。

蜉蝣和大树

我的祖先曾与大树有一段对话：大树嘲笑它朝生暮死，但它却说我用一天的生命尝尽了快乐，和你的365年又有什么区别！

办婚礼，得快

我顾不上吃也顾不上喝，把所有时间用来寻找心仪的对象并交配。为了提高效率，我们蜉蝣选择了集体性婚礼——婚飞。雄虫前足长，可以在飞行时抱住雌虫。

这是雨燕捕食的好时机。

后翅为啥这么小？因为它退化了。

蜉蝣成虫的口器也退化了，它根本用不着口器。

抱着长尾产卵

我作为蜉蝣最高光的时刻就要到来了，我心仪的对象成功地把我们的孩子产在了温度适宜的淡水中。现在生命的最后一刻到来了，但我完成了使命，新的小生命会在不远的水下从头开始。

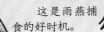
水面下的鱼儿正在伺机而动。

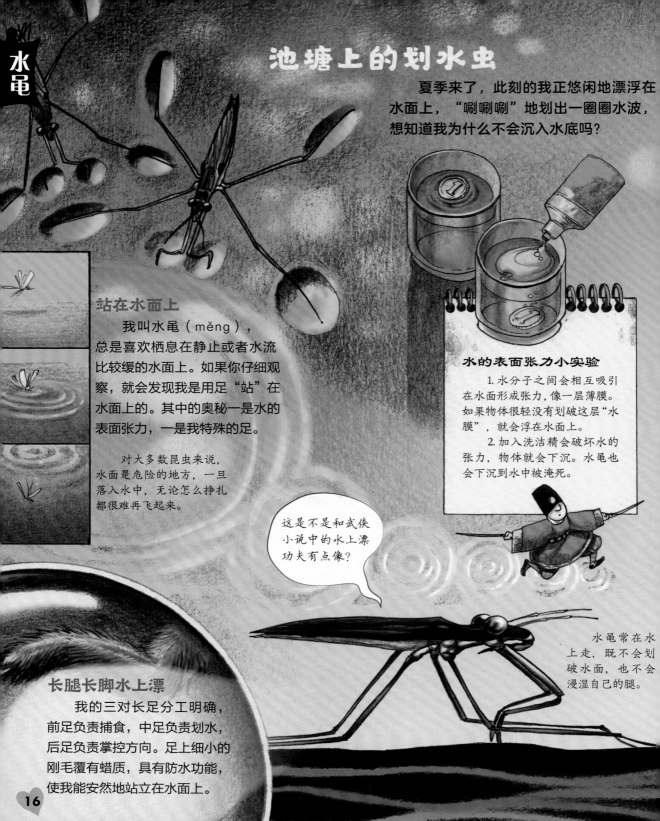

池塘上的划水虫

夏季来了，此刻的我正悠闲地漂浮在水面上，"唰唰唰"地划出一圈圈水波，想知道我为什么不会沉入水底吗？

站在水面上

我叫水黾（měng），总是喜欢栖息在静止或者水流比较缓的水面上。如果你仔细观察，就会发现我是用足"站"在水面上的。其中的奥秘一是水的表面张力，一是我特殊的足。

对大多数昆虫来说，水面是危险的地方，一旦落入水中，无论怎么挣扎都很难再飞起来。

水的表面张力小实验

1. 水分子之间会相互吸引在水面形成张力，像一层薄膜。如果物体很轻没有划破这层"水膜"，就会浮在水面上。

2. 加入洗洁精会破坏水的张力，物体就会下沉。水黾也会下沉到水中被淹死。

这是不是和武侠小说中的水上漂功夫有点像？

水黾常在水上走，既不会划破水面，也不会浸湿自己的腿。

长腿长脚水上漂

我的三对长足分工明确，前足负责捕食，中足负责划水，后足负责掌控方向。足上细小的刚毛覆有蜡质，具有防水功能，使我能安然地站立在水面上。

左转　　**前进**　　**右转**

要是想转变移动的方向，那也不难，只滑动后足就行了。滑动右侧后足，向左转。滑动左侧后足，向右转。

水黾头顶的一对触角负责探寻气味。

水黾的单眼已经退化了，复眼很发达，视力很好。

向水黾学习

人类科学家通过观察我获得了很多新奇的点子。有一种机器人就是仿照我的运动能力设计的，它能像我一样在水面行走、跳跃，帮助人类执行任务。

幸好躲过一劫！

尺蝽常在岸边的陆地上交配。

还有谁会水上漂

我听说有一些水生蝽类也是在水面滑行的捕食者，比如尺蝽和宽肩蝽。尺蝽的六足都很长，但行动不如我敏捷。宽肩蝽的胸背部比我宽得多。

水上弹跳家

除了水上漂的功夫，我还会在水面上跳跃。如果遇到袭击，我轻轻一弹就跳起来了，以此来躲避天敌。

我肩宽！

我肩窄！

水黾

宽肩蝽

常在水上走，却不会游泳

我虽然平时总站在水面上，日常生活也离不开有水的地方，但你知道吗？我其实并不会游泳。

这可不是"守株待兔"，兔子不常有，虫子常常有！

等待猎物上门

树荫下的水面可是个好地方，那里常常会有从树上掉下来的昆虫，它们掉落时会在水面激起一圈圈水波。这时我就会快速感知到："猎物上门了。"然后我赶紧用中足快速滑动，像划小船一样滑到猎物跟前。

水黾用前足抱住猎物，伸出针管一样的口器吸食体液。但如果把猎物取出水面，很可能让水黾落入水中。

有点像用吸管喝饮料，却不拿起饮料杯吧？

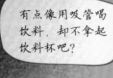

"旱鸭子"

⚪ 要在水面上活动，我必须小心再小心，一旦身体浸入水中，那可就糟糕了。到时候我只能在水中垂死挣扎，不久便会一命呜呼。

这不是懒惰，而是科学

糖果般的气味

我的腹部有一个小小的臭腺孔，不过我和那些会发出难闻气味的蝽类昆虫可不一样。我的臭腺其实并不臭，散发出的可是类似糖果般的香甜气味。

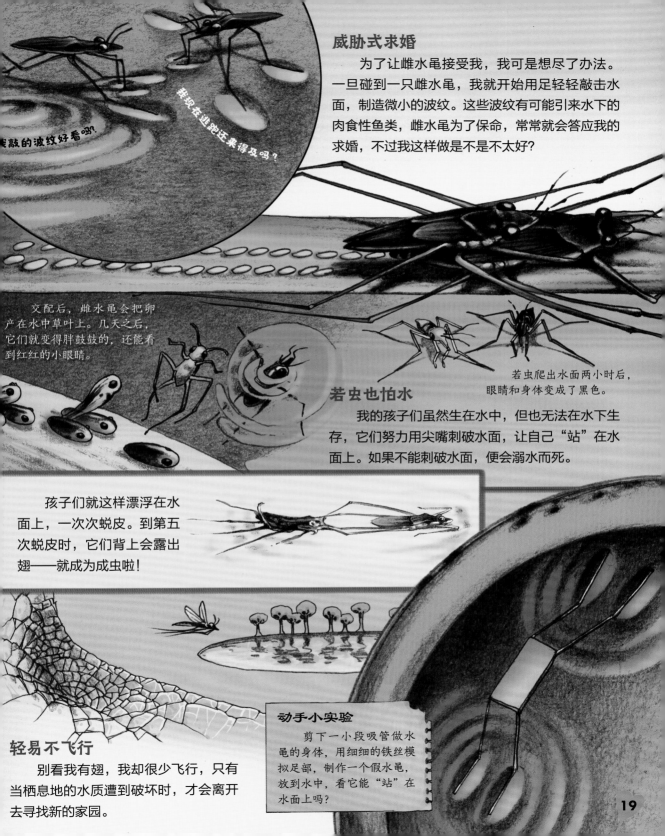

威胁式求婚

　　为了让雌水龟接受我，我可是想尽了办法。一旦碰到一只雌水龟，我就开始用足轻轻敲击水面，制造微小的波纹。这些波纹有可能引来水下的肉食性鱼类，雌水龟为了保命，常常就会答应我的求婚，不过我这样做是不是不太好？

我敲的波纹好看吗？

我跳在逃跑还来得及吗？

　　交配后，雌水龟会把卵产在水中草叶上。几天之后，它们就变得胖鼓鼓的，还能看到红红的小眼睛。

若虫爬出水面两小时后，眼睛和身体变成了黑色。

若虫也怕水

　　我的孩子们虽然生在水中，但也无法在水下生存，它们努力用尖嘴刺破水面，让自己"站"在水面上。如果不能刺破水面，便会溺水而死。

　　孩子们就这样漂浮在水面上，一次次蜕皮。到第五次蜕皮时，它们背上会露出翅——就成为成虫啦！

轻易不飞行

　　别看我有翅，我却很少飞行，只有当栖息地的水质遭到破坏时，才会离开去寻找新的家园。

动手小实验

　　剪下一小段吸管做水龟的身体，用细细的铁丝模拟足部，制作一个假水龟，放到水中，看它能"站"在水面上吗？

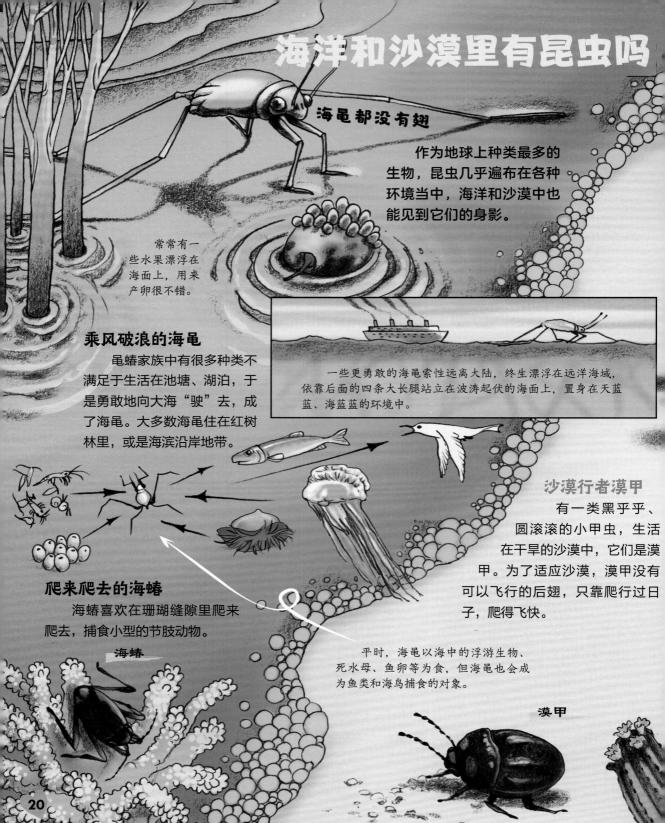

海洋和沙漠里有昆虫吗

海龟都没有翅

作为地球上种类最多的生物，昆虫几乎遍布在各种环境当中，海洋和沙漠中也能见到它们的身影。

常常有一些水果漂浮在海面上，用来产卵很不错。

乘风破浪的海龟

龟蝽家族中有很多种类不满足于生活在池塘、湖泊，于是勇敢地向大海"驶"去，成了海龟。大多数海龟住在红树林里，或是海滨沿岸地带。

一些更勇敢的海龟索性远离大陆，终生漂浮在远洋海域，依靠后面的四条大长腿站立在波涛起伏的海面上，置身在天蓝蓝、海蓝蓝的环境中。

沙漠行者漠甲

有一类黑乎乎、圆滚滚的小甲虫，生活在干旱的沙漠中，它们是漠甲。为了适应沙漠，漠甲没有可以飞行的后翅，只靠爬行过日子，爬得飞快。

爬来爬去的海蝽

海蝽喜欢在珊瑚缝隙里爬来爬去，捕食小型的节肢动物。

海蝽

平时，海龟以海中的浮游生物、死水母、鱼卵等为食，但海龟也会成为鱼类和海鸟捕食的对象。

漠甲

沙漠清洁工蜣螂

蜣螂闻到新鲜的粪便，就会快速飞过去，将其滚成粪球，挖坑埋入沙子里。

拟步甲

喝水有妙招的拟步甲

聪明的拟步甲很懂得如何获取水源。沙漠里早晚温差大，清晨的冷空气会在拟步甲背部凝结成小水滴，拟步甲只需要一低头，水滴便顺着光滑的后背流入口中了。

人类从拟步甲独特的取水方式中受到启发，发明了在沙漠中使用的集水器，用来收集清晨的露水。

伪装达人沙漠蚱蜢

沙漠蚱蜢有很好的伪装技能，遇到危险时一动不动，就像一块石头。

昆虫"怪物"裂趾蟋

裂趾蟋是一种大型、凶狠的昆虫，当沙漠里的气温下降时，它就会出来找食物。

沙漠蚱蜢

裂趾蟋

沙漠里的昆虫能够快速移动，在沙漠上留下一串串脚印，而不会被灼热的沙子烫伤。

爱挖陷阱的蚁狮

蚁狮本来就喜欢生活在沙子中，广阔的沙漠让它们可以随心所欲地挖掘沙坑陷阱，捕捉猎物。

藏在地下的收获蚁

收获蚁在沙漠地底下筑巢，远离地面，十分凉爽，它们收集种子作为食物。

水中游泳健将

会游泳的昆虫不少，但是像我这么卓越的还真不多见，我是昆虫界赫赫有名的游泳健将龙虱。

龙虱坚硬的鞘翅下长着一对用来飞行的翅。

入水能游，出水能飞

我可是自带"氧气瓶"的。

不是我骄傲，凭借这一套漂亮的划水"装备"，我能在水中自由游弋。看看我这又扁又宽的后足，它们像船桨一样帮助我划水前进。而我滑溜溜的身体又极大减少了水的阻力，让我游得又快又敏捷。借由后翅，我还可以一飞冲天，朝着有亮光的地方飞去。

这是龙虱的"氧气瓶"。

我撅着屁股是在呼吸。

潜泳比赛我肯定得第一。

用肚子呼吸

虽然生在水里，但我却不能在水里呼吸，需要游到水面进行呼吸，并储存空气。我必须头朝下屁股朝上，把腹部露出水面，因为我呼吸的气孔其实位于腹部。

雄性龙虱有吸盘一样的前足，可以在交配时牢牢抓住雌性龙虱的后背。

潜水高手

吸足了氧气，我就能背着"氧气瓶"在水底潜游很长时间。其实，在水面呼吸时，我的腹部会产生一个大气泡，把它放在鞘翅下，不但能储存氧气，还能制造氧气。即使在冬季厚厚的冰层下，我都不用担心缺氧的问题。

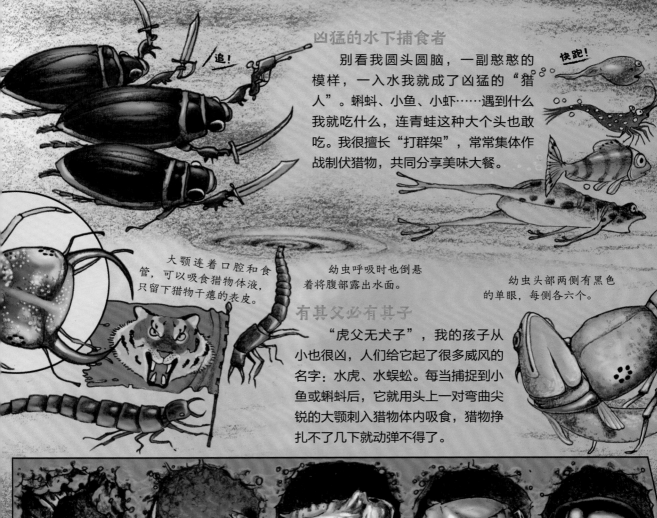

凶猛的水下捕食者

别看我圆头圆脑，一副憨憨的模样，一入水我就成了凶猛的"猎人"。蝌蚪、小鱼、小虾……遇到什么我就吃什么，连青蛙这种大个头也敢吃。我很擅长"打群架"，常常集体作战制伏猎物，共同分享美味大餐。

追！

快跑！

大颚连着口腔和食管，可以吸食猎物体液，只留下猎物干瘪的表皮。

幼虫呼吸时也倒悬着将腹部露出水面。

幼虫头部两侧有黑色的单眼，每侧各六个。

有其父必有其子

"虎父无犬子"，我的孩子从小也很凶，人们给它起了很多威风的名字：水虎、水蜈蚣。每当捕捉到小鱼或蝌蚪后，它就用头上一对弯曲尖锐的大颚刺入猎物体内吸食，猎物挣扎不了几下就动弹不得了。

孩子长大了

经过几番蜕皮后，我的孩子进入了末龄幼虫期，它们会爬上岸、钻入水域附近的泥土中挖掘蛹室，然后化蛹，等待着羽化为成虫。化蛹期间，它的单眼会渐渐被复眼取代。

水龟甲和龙虱长得非常相似，但它们大多数胸部腹面有一个粗而直的针刺，而龙虱没有针刺。

水龟甲　　龙虱

黄缘龙虱如其名，鞘翅两侧的边缘呈黄色。

贪吃的水中猎手

在水稻田或附近的水塘里，你可千万不要被我发现，这里可是我的地盘。

前足像镰刀

这对镰刀般的前足，是我赖以生存和捕食的"家当"，它也叫作捕捉足。每当有猎物经过时，我就会利用前足快速出击，将猎物牢牢抓住。

不小心被大田鳖叮上一口的话，会给你留下很痛苦的回忆。

令人震撼的大块头

身为大田鳖，我是蝽类家族中的大块头，我的体长将近9厘米，算得上是蝽中的"巨人"级别了。

被小虫子吃掉，让我无地自容！

致命一针

美食当前，我当然不会让它再逃走。我会不假思索地将如针头般的口器刺入它的体内，一边注射消化唾液，一边吸食猎物的体液，直到猎物只剩下一副皮囊。

谁都敢吃

仗着大块头和一对凶猛的捕捉足，我荣幸地成了水中一霸，甚至敢去招惹比自己大好几倍的水生动物。不论是水蚤、小鱼、蝌蚪，还是青蛙、水蛇，都是我餐桌上的常客。

水下伏击术

长期经验表明，我采用伏击术更容易捕获猎物，我会长时间耐心地藏在水草里，发现猎物后悄悄接近，迅猛出击。

腹部末端的管子不是尾巴，而是呼吸管。

枯叶一样的体色能够让我隐身在淤泥里。

追光的成虫

灯光对我来说是个有吸引力的东西，我的英文俗名是"Electric light bug"，直译过来就是"电灯虫"。

水下呼吸有一套

在水下待得太久时，我会游到水面处，把腹部末端的细管伸出水面，呼吸新鲜空气。这细管就是我的呼吸管。

昆凶陆地

凶猛的个性和猎食装备让我站在了浅水滩食物链的顶端。即使爬到陆地上，我依然能够横行霸道，对陆地上的昆虫展开攻击。

后面会讲到这几个家伙，记得帮我我我区别吧！

谁长得最像我

蝎蝽和负子蝽跟我是近亲，长相会有一点点相似。比一比，看看谁长得最像我大田鳖？

25

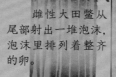

大田鳖

♀ 雌虫产卵，雄虫护卵 ♂

我是一只刚刚成年的大田鳖，从我出生以来，我的父亲就尽职尽责地照顾我。

雌性大田鳖从尾部射出一堆泡沫，泡沫里排列着整齐的卵。

大田鳖的卵

我出生在水面的一株蒲草植物上。听说当时我的妈妈一次产下了约100枚卵，我和兄弟姐妹们就像麦粒一样整齐排布在植物的茎秆上。

尽职的父亲

我的妈妈产完卵就离开了，照顾我们的工作就交给了爸爸。他时而趴在卵上，时而埋伏在卵下方的水里，默默地守护着我们的安全，以防有敌人入侵。

卵已经涨得鼓鼓的，幼虫要出生啦！

顶盖打开了

大约十天后，卵壳顶端像盖子一样打开了，我探出头，急忙地往外钻。我的兄弟姐妹们也孵化出来了。

看我像只小兔子吗？

"啪嗒，啪嗒"。一只只若虫落进水里，植物茎秆上只留下空空的卵皮。

初生的小猎手

我们纷纷落到水里，作为新一代的小猎手开始了生命历程。我到处寻找可吃的猎物，出生一天之后，我就可以施展与生俱来的捕猎本领。

蜕皮不是一次就能完成的。

像针一样的口器，在若虫时期就存在了。贪吃的若虫抓住了比自己还大的蝌蚪。

大田鳖若虫还不够强悍，容易遭到蝎蝽等天敌的袭击。

贪吃的若虫

虽然我现在还不敢像父母一样袭击青蛙，但我绝对敢吃掉蝌蚪。

倒立着蜕皮

经过五次蜕皮后，我即将迎来成虫期。很快，我就呈倒立姿势攀附在水草上，随后身体中间裂开一道线，我慢慢向外钻出，背部也长出了代表成年期的翅：我长大了。

后就要靠自己了。

冬季时，大田鳖成虫在水底淤泥里过冬，泥土色的皮肤有助于它安稳地度过蛰伏期。

出水飞翔

待在水里时间太久了，我也要和爸爸一样，飞出来看看外面的世界。

负子蝽

背着孩子闯天下

身为一位父亲，我可比近亲大田鳖更尽职，就连我的名字都叫"负子蝽"。

讨厌的负子蝽！

模范丈夫

我常常生活在池塘、水库等水域里，附近的小鱼、小虾和蝌蚪都逃不过我的"魔爪"，因此很多养育鱼苗的渔民都非常讨厌我。

但我做这些都是为了我的妻子和孩子。我一旦组成家庭，便与雌虫形影不离。我常背着雌虫在水中漂游，并负责捕食，她只要吃得满意就可以了。

负子蝽常常在水面上露出一截小屁股，借助尾部短短的呼吸管进行呼吸。

雌虫产卵

到了雌虫快产卵时，我依然会背着它，让它将卵产到我宽阔的背部，这是保护孩子免遭天敌捕食的最佳办法。产卵后，雌虫过起了逍遥自在的生活，带"孩子"的活儿就交给我这个爸爸了。

请叫我"超级奶爸"！

卵像强力胶一样牢牢粘在雄虫背部上，无论雄虫怎么游动都不会掉落。

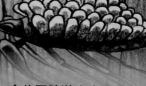

雄虫带娃

我带娃可谓尽职尽责，一会儿冒险游出水面让卵呼吸新鲜空气、晒晒太阳，一会儿潜入水中，如此反复。我知道，卵的孵化需要水分和氧气，如果长时间暴露在空气中，会缺水；如果长时间在水里，会缺氧。

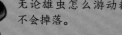

负子蝽的卵排布得非常整齐。

28

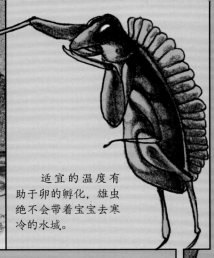

适宜的温度有助于卵的孵化，雄虫绝不会带着宝宝去寒冷的水域。

背负着宝宝的雄虫要提防天敌来偷食卵粒，它们随时准备和袭击者决战。

雄虫最多时能背负100多颗卵粒，是昆虫界的模范老爸。

幼虫一出生就会把尾部伸出水面，进行呼吸。

站好最后一班岗

到了卵粒孵化的时刻，我会将背部露出水面，孩子们逐渐破卵而出。当我再次潜入水中后，它们便散开游走。随后我又回到水面，等待其他卵也孵化，直至所有宝宝全部孵化出来。

我的背终于轻松了。

蝎蝽的前足也横在胸前，不过长长的呼吸管彰显着它的与众不同。

比比个头，也能一分高下。大田鳖可比负子蝽高大多了。

气味不好闻

我们成虫具有发达的臭腺，遇到惊扰时，会分泌臭味，让天敌不愿意靠近。

冬天，负子蝽成虫在水底泥土中越冬。

和大田鳖比一比

我的前足像螳螂一样，竖立在胸前。大田鳖的前足横着一字摆开，看着就像一只拦路想要打架的家伙。

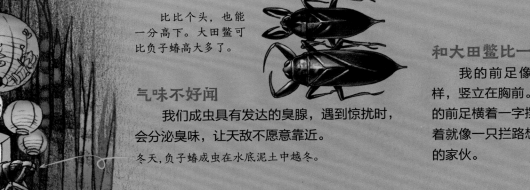

称霸一方的**仰泳高手**

我叫仰泳蝽，看到名字，大家就可以猜到我在水里独特的游泳姿势——仰泳，不过我跟人类仰泳的动作不太一样。

仰泳蝽平时将空气储存在腹部和双翅下，空气用尽了就到水面来呼吸。浮在水面上时，悠闲地伸展开六足。

天生的游泳运动员

虫如其名，我一生都是以背面向下、肚子朝上的仰泳姿势在水中生活，天生就具备成为游泳健将的资格。我身体瘦长，形成优美的流线型。细长的后足生有刚毛，可以像船桨一样划水。

长长的游泳足带有刚毛。

仰泳蝽的刺吸式口器有微弱的毒性，捕捉它时容易被它叮咬。

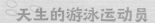

即使在水面之下，也是采用仰泳姿势。

从天而降的美食

我捕食能力很强，常在白天袭击池塘中的蝌蚪，用刺状的口器刺入其体内，吸吮体液。仰泳的姿势让我容易看到掉落到水面的昆虫，我会快速游过去接住天上掉下来的"馅饼"。

有好吃的掉下来啦！

吸食猎物时，仰泳蝽像水獭一样躺在水面上享受美食。

躺着吃更舒适！

谁都看不到我

我仰泳时，水里的鱼儿往上看到的是我的背部，与天空差不多；水面上的鸟儿看到的是我的腹部，和水底淤泥差不多。这种隐匿色可以保护我，从而骗过我的天敌。

仰泳或许不容易发现身后的危险，仰泳蝽时常遭到水螳螂的抓捕。

若虫也优秀

我在若虫时期是圆墩墩的，看上去很可爱。虽然还不能捕食大的猎物，但吃几个孑孓还是没问题的。这段时期我也是仰泳姿势。

灭蚊小能手

我家族的一些成员喜欢捕食蚊子的幼虫孑孓，会利用前、中足捉住蚊子幼虫，吸食其体液，将众多蚊子消灭在幼虫时期。

能游也能飞

夜晚的灯光常常会吸引到我，当我看到光亮时，就会跟着飞出水面、飞向光源。

和划蝽比一比

很多人分不清我和划蝽，其实我们很容易区分：我会"仰泳"，划蝽不会；我后足最长，划蝽中足最长；我头部比身体窄，划蝽头部跟身体几乎一样宽。

31

优秀的水质检测虫

听说人们从千万年前的琥珀中找到了我的祖先。我就是古老的昆虫石蝇，从古至今，我们的外表都没有多大改变。

石蝇

石蝇有两对膜翅，静止时会折叠在背部。

苍蝇

对对对，我就是不爱卫生！

石蝇不是蝇

虽然名字里有"蝇"，但我跟那些嗡嗡乱飞的苍蝇可不是一类，我是很原始的水生昆虫，而且非常爱干净。

喜欢干净的水

干净清澈的水域是我的最爱，那是我理想的栖息地。如果水遭到了污染，我就能敏锐地感觉到，赶紧去寻找新的家园。所以，有我生活的溪水或河流，水质通常会很好。

触角比较长，呈丝状。

翅很发达，却不善于飞行。

尾部有一对尾须。

石蛾

石蛾幼虫

石蝇稚虫

我是不是也算一位打击乐选手？

石蛾幼虫和巨齿蛉幼虫也喜欢干净的水域，同样是优秀的水质检测虫。石蛾幼虫可以用各种东西做"房子"。巨齿蛉成虫长得凶凶的，头部长着一副可怕的"大牙"，但只吃树液。

巨齿蛉

巨齿蛉幼虫

击鼓来求偶

又到了求偶的时节，我决定施展顶级的击鼓技艺——用腹部敲击地面或树木，击鼓传情。其实我们家族的成员都有自己独特的"乐谱"，感兴趣的雌虫会击鼓回应，或闻声赶来交配。

从小养成好习惯

我在稚虫时期也爱净化水质，我会吃水中的植物和腐败的有机质，帮助赖以生存的水域保持洁净。到了羽化的时刻，我会蜕掉最后一层皮，迎来自己的成虫时刻。

石蝇稚虫有腮一样的呼吸器官，可以在水中呼吸。

> 我可以像鱼一样呼吸。

节约粮食

在羽化为成虫后，我就几乎不吃东西了，只需要饮水或吸蜜露维持生命，当然偶尔会吃一点藻类、花粉、植物叶片等来充饥。

> 我不吃，我只需要极少的食物。

请保护石蝇

因为我对环境的要求很苛刻，因此随着人类活动的加剧，以及生活环境日复一日的污染、恶化，我现在已经成了濒危物种。请像我一样多多爱护环境，为我们提供一片清洁的栖息地吧。

敢于上雪山

除了南极，你能在各大陆上找到我的同伴，甚至在海拔几千米的雪山上。

实蝇

实蝇非石蝇

实蝇与我的名字虽然发音相同，但我们却是不同的昆虫。由于它们总是危害各类农作物或果树，很多国家都需要对它们进行检疫，同时禁止入境。

水里也有蝎子吗

我的名字蝎蝽听起来很陌生？但也许你听说过水蝎子和水螳螂，它们也是我的名字。

代号一：水蝎子

人们常常管我叫"水蝎子"，因为我长着镰刀一样的前足，用来捕捉猎物，腹部末端拖着长长的呼吸管，很容易让人联想到蝎子的螯肢和蝎尾。

蝎蝽又叫红娘华，身材扁平。

蝎蝽头小，复眼发达。

代号二：水螳螂

我的外表也很像螳螂，大名叫螳蝎蝽，我黄褐色的身体细长细长的，长着一对螳螂般的前足，可以用这对强而有力的锐利武器，捕捉孑孓、小虾等。

口器为刺吸式。

腹部末端有细长的呼吸管。

蝎蝽将呼吸管伸出水面呼吸。

我要唱戏啦

身在水中不能游

虽然我没有会游泳的足，也无法在水里呼吸，但我还是选择了在水里生活。我能依靠中后足踢水前进，呼吸时则将呼吸管伸出水面。

"隐身"在水中

由于体色和水里的砂石、枯叶颜色相近，我利用这一优势伏击猎物，一动不动地耐心等待，猎物往往察觉不到。当猎物越来越近，我就快速出击，将猎物捕获，杀它个措手不及。

红娘华这个名字有点不符合蝎蝽凶猛的个性。

别吃我，我不好吃！

打不过就装死

再厉害的物种也有自己的天敌，当我遇到比自己厉害的天敌我绝不以卵击石，而是赶快乖乖装死，或者潜入水底的泥沙里。

触角比较短，下颚有一对细长的须。

胸前有一根长长的刺。

飞行时前翅展开，后翅负责拍动。

后足是游泳足，擅长游泳。

水中小甲虫

我是一种叫水龟虫的小甲虫，如果你来到有龙虱的池塘边，你应该也能看到我。

光滑的小甲虫

和其他甲虫一样，我的前翅是坚硬的外壳，被称为鞘翅，翅面很光滑。我的后翅则用来飞行——当然，不是在水里。

在水中时，水龟虫善于在植物或其他物体上爬行。

游出水面呼吸

作为一只昆虫，我的呼吸方法也很独特。在水中时，我选择将头露出水面，将空气从触角表面运送到体内。

明明在陆地上畅行无阻，可我还得回水里讨生活。

从水里来，回水里去

和龙虱一样，我的一生经卵、幼虫、蛹及成虫4个虫态。幼虫末龄时，我会爬出水面在水边土壤中化蛹，变为成虫，然后再回到水里生活。

换一换口味

我小时候很凶猛，喜欢捕食螺蛳、蝌蚪和小鱼，长大后却性情大变，除了会吃一些小动物，我还爱上了吃植物，争做一位素食者。

不做追光者

在夜晚，我喜欢追随灯光。但是有人会利用灯光引诱我现身，再用细网捕捞我。早知道，我就不追着光跑了！

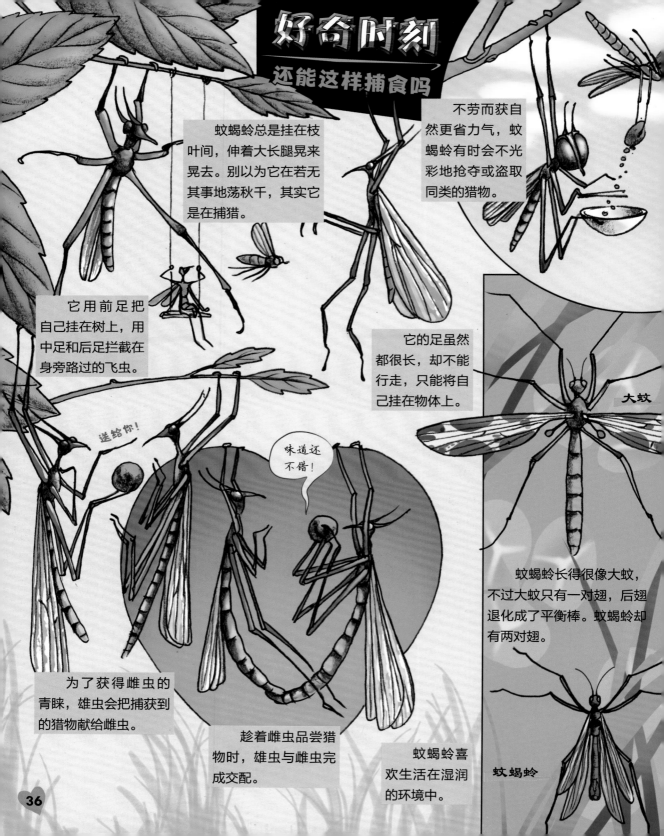

蚊蝎蛉总是挂在枝叶间，伸着大长腿晃来晃去。别以为它在若无其事地荡秋千，其实它是在捕猎。

不劳而获自然更省力气，蚊蝎蛉有时会不光彩地抢夺或盗取同类的猎物。

它用前足把自己挂在树上，用中足和后足拦截在身旁路过的飞虫。

它的足虽然都很长，却不能行走，只能将自己挂在物体上。

送给你！

味道还不错！

大蚊

为了获得雌虫的青睐，雄虫会把捕获到的猎物献给雌虫。

趁着雌虫品尝猎物时，雄虫与雌虫完成交配。

蚊蝎蛉喜欢生活在湿润的环境中。

蚊蝎蛉长得很像大蚊，不过大蚊只有一对翅，后翅退化成了平衡棒。蚊蝎蛉却有两对翅。

蚊蝎蛉

新昆虫记

毛毛虫消失事件

常凌小◎著　　[哥伦比亚] 阿尔瓦罗·托罗·贾拉米洛◎绘

北京联合出版公司
Beijing United Publishing Co.,Ltd.

图书在版编目 (CIP) 数据

毛毛虫消失事件 / 常凌小著；(哥伦) 阿尔瓦罗·托罗·贾拉米洛绘 . — 北京：北京联合出版公司 , 2023.4

（新昆虫记）

ISBN 978-7-5596-6622-2

Ⅰ . ①毛… Ⅱ . ①常… ②阿… Ⅲ . ①昆虫 – 儿童读物 Ⅳ . ① Q96-49

中国国家版本馆 CIP 数据核字 (2023) 第 025400 号

新昆虫记

出 品 人： 赵红仕

项目策划： 冷寒风

作 者： 常凌小

绘 者： [哥伦比亚] 阿尔瓦罗·托罗·贾拉米洛

责任编辑： 李艳芬

项目统筹： 李春蕾

特约编辑： 王舟欣　霍丽娟

美术统筹： 吴金周

封面设计： 周　正

北京联合出版公司出版

（北京市西城区德外大街83号楼9层　100088）

艺堂印刷（天津）有限公司印刷　新华书店经销

字数10千字　720×787毫米　1/12　3印张

2023年4月第1版　2023年4月第1次印刷

ISBN 978-7-5596-6622-2

定价：170.00元（全9册）

目录

当我还是个毛毛虫，我总爱问"将来我会有漂亮的翅吗？能在花丛里自由飞翔吗？"没错，飞翔几乎是每个毛毛虫的梦想！如果有一天，你发现毛毛虫们消失了，记得抬头看，天空中或许有我们的身影哟。

好奇时刻

好饿好饿的毛毛虫

　　每个人都有小时候，蝴蝶和蛾子也一样。不同的是，童年的我们是只会扭动爬行的毛毛虫。为了快些长大，每只毛毛虫都努力把自己吃得胖胖的。

很高兴认识你！

毛毛虫从哪儿来

　　仔细看这些叶片，上面点缀着五颜六色的卵。卵的形状也各不相同，圆球形、半球形、纺锤形等等，那是我们出生的地方。

凤蝶的卵圆溜溜的，像一颗颗小豆子。

灰蝶的卵通常扁扁的，表面有凹下去的小坑。

弄蝶的卵上通常有不规则雕纹或棱状突起。

闪蝶的半球形卵上有蜡质壳，可以防止水分蒸发。

粉蝶的卵一头尖一头粗，像宝塔或炮弹。

能吃的保护壳

　　卵壳不仅是我们出生前的保护壳，还是我们出生后的第一顿饭——我们从里面把卵壳咬出个洞，然后从洞里扭着身体钻出来，有的毛毛虫会把卵壳全吃光。

继续吃，不要停

别看毛毛虫个头不大，可这胃口就跟无底洞似的，植物的叶子、根茎、果实……怎么吃也吃不够。每天，我们的时间大部分都用在了"吃"这一件事上。

衣服小了，换一件

吃得越多、长得越快，每过一段时间我们的身体就胖上一圈，然后就该换"新衣服"了，也就是蜕皮。每次蜕皮，"衣服"花样还会变化呢。你长高了，爸爸妈妈会给你准备新衣服吗？

我也想换新衣服！

松异舟蛾幼虫会在松枝间编一个大大的丝巢，然后大家一起住进去。

想知道毛毛虫们的新衣服长什么样吗？请看第 8 页！

会排队的毛毛虫

虫多力量大！我们毛毛虫还常常成群活动和觅食。你看，前面排着长队的是松异舟蛾的幼虫，它们集体出行，正要去找松树叶子吃呢。

松异舟蛾幼虫的视力很差，但它们会分泌信息素，由"队长"带领，主要靠触觉和味觉来探路。

法布尔曾做实验，让一列松异舟蛾毛毛虫在花盆上排队绕圈。

5

毛毛虫的磨难

你可能不信，像我这样肥美靓丽的小毛虫，最容易被鸟儿盯上。所以我今天要去上"毛毛虫生存课"，一起听听吗？

可怕的寄生者

老师说我们光躲着鸟类是不够的，还得格外小心狡猾的寄生者。比如被茧蜂寄生的毛毛虫，一开始带着蜂卵还能照常吃吃喝喝，没过多久竟丢了性命！

灰喜鹊一年能吃掉将近两万只松毛虫，所以有些地方除松毛虫的方法是：请来灰喜鹊，让它们尽情吃虫。

茧蜂会把卵产在毛毛虫体内，保证自己的孩子一出生就有吃的。等茧蜂幼虫长大、结茧，毛毛虫会变得呆头呆脑直至死亡。

茧蜂寄生毛毛虫的过程

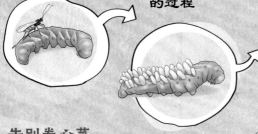

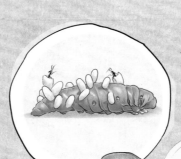

把赤眼蜂卵放在菜地里能防治菜青虫。

菜粉蝶

告别卷心菜

还有，菜粉蝶阿姨知道它的宝宝爱吃卷心菜，特地在卷心菜地里产卵，结果这些卵全被赤眼蜂寄生了！最后从蝶卵里钻出来的成了赤眼蜂的后代！

菜粉蝶幼虫又叫青菜虫。

赤眼蜂寄生菜粉蝶卵的过程

赤眼蜂把卵产在菜粉蝶的卵里。

赤眼蜂幼虫争夺菜青虫的营养，越长越大。

菜青虫死亡，而成熟赤眼蜂破壳而出。

《昆虫记》里提到，有些地方的人们会在菜地中央立几根木桩，木桩顶上放半个蛋壳，希望能吸引菜粉蝶在蛋壳上而不是菜叶上产卵，以达到灭虫的目的。

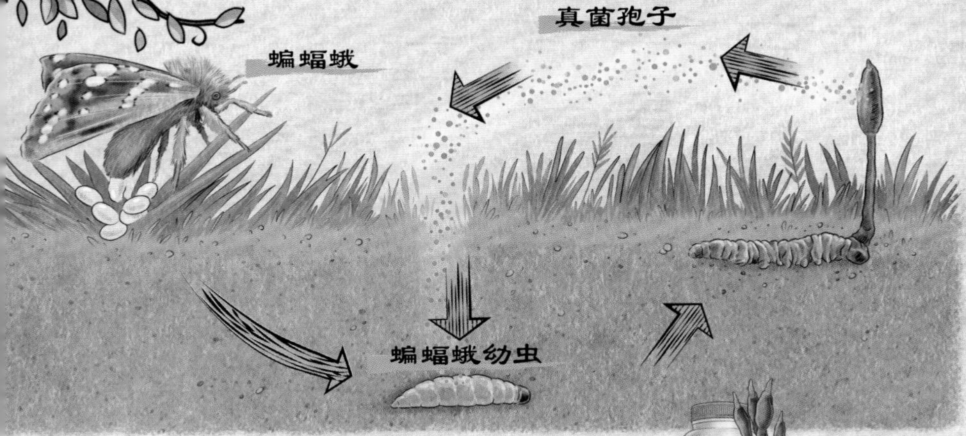

真菌孢子

蝙蝠蛾

蝙蝠蛾幼虫

真菌在冬季侵染蝙蝠蛾幼虫，第二年夏天，真菌的子实体从毛虫体内伸出至地表，便形成了我们熟知的中药材"冬虫夏草"。

真菌来袭

更可怕的是，空气里还飘着看不见的"敌人"——真菌孢子。如果被它们侵袭，孢子会在我们的身体里不断长出菌丝，最终把我们变成干巴巴的躯壳。想想就觉得很糟糕……

让敌人当保姆

多么让虫沮丧的课！幸好还有灰蝶姐姐给我信心。通常，蚂蚁会狩猎毛毛虫，而灰蝶姐姐的孩子不仅不怕蚂蚁，还要让蚂蚁把它带回"敌穴"，好吃好喝地照顾着直到它羽化成蝶！

再见了朋友，下次我再带着孩子过来。

溜走！

灰蝶幼虫能分泌甘甜的蜜露，蚂蚁是为了得到这种"甜品"才甘愿当保姆的。

7

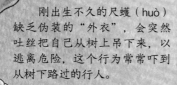

毛毛虫

虫虫舞会狂欢记

欢迎来毛毛虫变装舞会——你怎么还穿着睡衣？我们早都换上漂亮衣服啦。抓紧时间打扮自己，舞会这就开始了！

美丽而危险

首先上场的一组毛毛虫，它们有的"戴着"炯炯有神的假眼，有的"穿着"鲜艳醒目的条纹外衣……用华丽的警戒信号，让天敌一眼就明白：想吃它们可能付出惨痛代价。

毒性。夹竹桃天蛾幼虫从小吃有毒植物，所以自身也有毒性。遇险时，它会亮出荧光蓝色的眼状花纹吓唬敌人。

稻眉眼蝶幼虫长着圆"脸"、尖"耳朵"和小"眼睛"，看起来像只猫咪。

金凤蝶幼虫身上的花纹是典型警戒色。当经验不足的捕食者吃了有警戒色的毛毛虫，中毒或恶心的回忆会让它们以后都远离这类虫子。

刚出生不久的尺蠖（huò）缺乏伪装的"外衣"，会突然吐丝把自己从树上吊下来，以逃离危险，这个行为常常吓到从树下路过的行人。

这只顶着神气十足的"角"，头部像龙的毛毛虫是白带螯蛱蝶幼虫。

不爱凑热闹

也不是所有毛毛虫都喜欢抛头露面，舞会上有群低调的家伙正躲在角落睡大觉呢！

很多凤蝶幼虫刚出生时模样像鸟粪。弱小的它们靠这样的伪装逃过鸟的眼睛。

别害怕，一会儿它就顺着细丝爬回去了。

鸟粪动了？！

蜕过几次皮后，尺蠖也掌握了伪装技术——看起来像富有纹理的树枝

毛虫牌"香水"

你有没有闻到一股奇怪的味道？原来，有的毛毛虫太紧张把臭腺都伸出来了！冷静点，这味道真的很难闻哪！

黑带二尾舟蛾幼虫有一对高高翘起的"尾巴"，能喷洒化学物质攻击天敌。

尖翅银灰蝶宝宝受刺激时，会快速伸出并摇晃自己的翻缩腺，跟耍杂技似的。

受惊吓时，凤蝶幼虫会从头部伸出"Y"形的臭腺散发臭味，样子酷似小蛇。

全副武装才安心

舞会上突然出现了几个浑身带"刺"的家伙，它们既危险又张扬，吸引了所有毛毛虫的目光。小心，你们扎到我了！

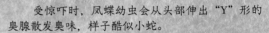

刺蛾幼虫俗称"洋辣子"，顾名思义，被它们蜇伤后皮肤会变得奇痒无比，火辣辣地疼。

这个身穿"马鞍"的毛毛虫是鞍背刺蛾毛虫，也是刺蛾的一种，它身上的毒毛同样十分危险。

缢蛹

悬蛹

请勿打扰！

见证奇迹的时刻！

休息一下，马上回来

完成最后一次蜕皮后，我们该找个地方静静待着，准备化蛹啦。我的身体会在蛹里不断重组，长出翅、触角等新的器官。不说了，好困……

植物的反击时刻

在自然界，几乎没有植物能逃脱昆虫的啃食。不过，对付昆虫植物有的是办法。

实用的荆棘护盾

有些植物的茎叶表皮上长满尖刺，像一道道栅栏挡住昆虫，让它们寸步难行。

以毒攻虫

不少植物自带毒性，会让昆虫无法繁衍或中毒而亡。除虫菊就是典型代表，它释放的气味可以麻痹昆虫使其死亡，是制作蚊香的原料之一。

植物也能"呼朋引伴"

敌人的敌人就是朋友，很多植物都懂得这一战术。它们想方设法吸引"盟友"来帮自己解决眼下的危机。

有研究表明，玉米遭螟虫啃咬时，会释放特殊物质，吸引螟虫的天敌寄生蜂。

金合欢树为蚂蚁提供住处和食物，所以，如果蚂蚁发现其他昆虫来犯，它们会倾巢出动保护其赖以生存的树木。

可怕的昆虫猎手

食虫植物的策略简单直白——主动出击，捕食昆虫。比如大名鼎鼎的捕蝇草，一旦感应到虫子，它就会迅速合拢叶片，然后慢慢消化牢笼里的猎物。

小白兔狸藻因其花形酷似小兔子而得名，别看长得"乖巧"，它也是捕虫能手哟。

茅膏菜的叶片上密布腺毛，腺毛顶端有花蜜般晶莹的液滴，那是它用来捕虫的致命黏液。

马桶猪笼草常常被一些小动物当成"马桶"。

快到我的瓶子里来

猪笼草等用"瓶子"捕食的植物更加高明。它们散发浓郁味道，在"瓶口"分泌甜蜜液滴，吸引昆虫。一旦虫子不慎落入，就会淹死在里面。

它们的"瓶子"有的内壁光滑，有的有倒毛，有些像又深又窄的井，使昆虫几乎不可能逃脱。

二齿猪笼草不仅捕食，还与昆虫共生。它为一种蚂蚁提供住所和食物，而蚂蚁用排泄物为猪笼草"施肥"。

11

大蝴蝶，小蝴蝶

最近又有好多毛毛虫成功破蛹，羽化成蝶了。作为档案员，我今天得好好整理一下大家的户籍信息，正好也带你认识一下蝴蝶的各大家族。

凤蝶

翅很大，色彩亮丽，后翅的尾突像凤凰尾巴一样翩然摆动，这想必是凤蝶家的孩子。不过也有例外，比如鸟翼凤蝶、荧光裳凤蝶等就没有这样的尾突。

柑橘凤蝶又叫花椒凤蝶，因其幼虫喜爱柑橘、花椒等植物而得名。

蝶的触角末端膨大，像球杆或球棒。

荧光裳凤蝶雄蝶的后翅在逆光观察时，可呈现珍珠、宝石般的光泽。

燕凤蝶修长的尾突不仅好看还实用，能帮助它调整飞行方向，稳定飞舞中的身形。

世上蝴蝶千千万，你全都认识吗？

只要你仔细观察，就能通过各种特征来分辨我们。

12

蛱蝶

这是我表妹！你看，它最前面的一对足小小的，缩在前胸下，远看像是只有4条足。前足退化，就是我们蛱蝶最显著的特征。

蛱蝶是一个成员众多的大家族，在所有蝶类中，属它们的花纹最为复杂多变。

你明明有六条腿，为啥只用四条腿走路？

我的前足退化了，走不了路。

难道跟霸王龙的前爪一样？

粉蝶

粉蝶的翅一般是白色、黄色或橙色的，常常有黑色或红色的斑纹，看起来十分素雅。这个翅上有对弯钩的小家伙就是钩粉蝶。

灰蝶

别以为灰蝶就是灰色的蝴蝶，它们的特别之处其实在于触角和复眼——触角上有白环，复眼周围有一圈白色鳞片。

弄蝶

头大、"腰"圆、翅小、触角末端弯曲呈钩状，错不了，这就是弄蝶。别看它胖胖的，飞起来相当快！

13

美貌来之不易

人类如此痴迷我们的美貌，不仅用蝴蝶饰品打扮自己，居然连做梦都想变成蝴蝶！真让虫难为情。

庄子曾梦见自己是一只翩翩然飞舞的蝴蝶，醒来时竟弄不清是他变成了蝴蝶，还是蝴蝶变成了他。人们用"庄周梦蝶"这个典故形容人生变幻无常。

美貌背后的努力

不过，你们人类只看到蝴蝶光鲜亮丽的外表，却不知我们为了生存有多努力。要想吸引心仪的姑娘，或把自己伪装起来，再小的鳞片也得下功夫。

蝴蝶是鳞翅目昆虫，放到显微镜下看一看，翅的表面鳞片一层叠一层，排列得很整齐，像房顶上的瓦片。

> 呀，一抓蝴蝶手上全是粉。

蝴蝶化妆大赛

1号选手

我是天生的艺术家！我的每片鳞片都有自己独特的颜色，叫色素色。所以我可以在翅上"画"出炯炯有神的大眼睛和各种条纹、渐变图案。

2号选手

鳞片颜色暗淡怎么办？学过物理的都知道，改变鳞片的微观结构，就能让翅反射出绚丽的蓝光，这叫结构色。

3号选手

我的翅上同时存在色素色和结构色。扑扇翅时，多种颜色交替变换，妙极了！

4号选手

创作热情太高涨有时也是个问题。因为基因变异，我变成了雌雄同体、双翅花色完全不同的奇特样子！

吃花蜜、传花粉

事先声明，蝴蝶可不是什么不食人间烟火的仙子，我吃的每一口花蜜都不是白吃的！开饭时，我的触角、口器、翅和足都会沾上花粉，等飞到另一家"餐馆"，这些花粉被花的雌蕊柱头吸附，传粉的工作就算完成了。

百花盛开的春天，蝴蝶仙子在花丛中翩翩起舞……

真该给咱颁个劳模奖，附赠花蜜大礼包。

靠蝴蝶传粉的花，通常花蜜藏得较深，只有蝴蝶长长的口器才能伸进去。

意想不到的食物

除了甜甜的花蜜，我们也会尝点别的东西，比如树木流出的汁液，动物的眼泪，甚至粪便或尿液。管它好吃不好吃呢，均衡的营养很重要。

这些食物里含有蝴蝶生存必需的矿物质。

鳄鱼通过流泪排出体内多余的盐分，这恰恰是蝴蝶身体必需的，所以形成了蝴蝶围着鳄鱼飞的景象。

15

真真假假难分辨

呱呱呱！没想到我青蛙也有被虫子吓破胆的一天！刚出门就被俩"大眼睛"盯着，感觉真是不妙哇。

吓人的大眼睛

刚才我碰见的是猫头鹰环蝶，它翅膀上的一对眼斑实在太逼真了，怎么看都像是猫头鹰正凶巴巴地瞪我。不得不说，模仿猛禽吓退敌人这招实在高明。

猫头鹰环蝶在蛹期模仿的是另一类动物——蛇，不仅外观相似，在感知到危险时，蝶蛹还会晃动，好似要发动攻击。

这样你们就能看到我了吧。

枯叶蛱蝶双翅展开时，翅的正面呈现漂亮的蓝色与橘色。

是蝴蝶还是枯叶

被蝴蝶的"伪装术"欺骗，这不是第一次了。比如枯叶蛱蝶，翅合上时，从外形到斑驳的颜色都像极了枯树叶。一旦它飞进枯叶堆里，就很难找到。

你知道丢车保帅吗？

燕灰蝶被天敌袭击时，会选择舍弃部分后翅，来保住生命。这种策略在象棋比赛里叫"丢车保帅"，比喻为保住主要的而牺牲次要的。

哪边才是头

更让我们这些捕食者来气的是燕灰蝶，明明稳准狠地冲着它的头部要害出击，谁知那是翅后面的假头！而它一番挣扎，竟然扑着残破的翅逃走了。每次都害我们白费力气。

奇妙隐身术

有的蝴蝶还会"隐身术"！它们的翅既薄又透明，能隐藏在各种环境里。我远在美洲雨林里的朋友——玻璃蛙，身体呈半透明，也有这样的"隐身"技能。

宽纹黑脉绡蝶又叫透翅蝶。

玫瑰绡眼蝶

蝴蝶一生中要面对这么多天敌，当然要努力保护自己！

"狐假虎威"的蝴蝶

还有一些蝴蝶专门模仿有毒的动物，搞得我们这也不敢吃，那也不敢吃。比方说无毒的副王蛱蝶，它长得太像有毒的黑脉金斑蝶了，凡是吃过后者苦头的，见了它也会避而远之。

副王蛱蝶

黑脉金斑蝶

蝴蝶中的"大熊猫"

别听青蛙在那儿诉苦，我们的同类还不是好多都进了它的肚子！蝴蝶生存本就不易，有些濒危种群的数量比大熊猫还稀少呢。

金斑喙凤蝶是中国特有的蝴蝶，属国家一级重点保护野生动物。

蝶中皇后

大熊猫是中国的国宝，而我金斑喙凤蝶被誉为国蝶。"蝶中皇后"说的也是我。但太响亮的头衔我不喜欢，原始密林里不被打扰的生活才是我想要的。那些一边赞美我，一边疯狂捕捉我们的人最是讨厌！

你也挑食吗？

说到挑食，我给你讲讲中华虎凤蝶的故事。

长着虎纹的蝴蝶

这个翅的纹理酷似虎纹的是中华虎凤蝶，长得虽然威风，小时候却因挑食吃了不少苦头。打个比方，假如我给你好多种食物，你都爱吃，那即便拿走一样你也能吃饱；但你要是只吃我拿走的那一种，岂不是就要挨饿了！

你可以在南京中华虎凤蝶自然博物馆见到我。

中华虎凤蝶属于国家二级保护动物，也是中国唯一拥有专有博物馆的蝴蝶物种。

空气污染

濒危的原因

栖息地破坏、环境污染、人为滥捕……这不仅让蝴蝶难以生存，同时也危害着整个大自然。

植被破坏

中华虎凤蝶
的蛹期相对其他
蝴蝶较长。

挑食惹了大麻烦

　　中华虎凤蝶的宝宝几
乎只吃杜衡和细辛这两种植
物，而它们刚好是中医常用
的两味药材，再加上山林的
开发破坏，这些小毛毛虫的
食物就愈加紧缺。这是它们
数量稀少的原因之一。

在阳光照射下，
其翅呈半透明，如丝
缎一般。

高山上的精灵

　　还有一些同类是我打心底里敬佩的，
比如阿波罗绢蝶。它们生活在寒冷的高山
地区，即便生存环境恶劣，一年只能繁育
一代，它们依旧以顽强的生命力与美丽的
姿态翩翩飞舞着。

阿波罗绢蝶
是国家二级保护
动物。

阿波罗绢蝶幼虫主要
以高原景天属植物为食。

无节制土地
开发

滥捕滥抓

19

与蝴蝶一起长途旅行吧

天气越来越冷，我们黑脉金斑蝶家族刚开了个紧急会议，决定即刻启程去相对温暖的地方过冬。时间紧、任务重，你要是有兴趣，就跟我们一块儿走吧。

黑脉金斑蝶，又叫帝王蝶，还有大桦斑蝶、黑脉桦斑蝶等别称。

我们要去哪儿

黑脉金斑蝶不同种群的迁徙路线不同，比如我们这些在加拿大出生的，一般会去墨西哥中部越冬，路程有几千千米呢。

这么远，怎么飞过去

我们的翅在蝴蝶里算比较大的，每次振翅都要消耗很多能量，飞得太用力，反而不好。不过"好风频借力，送我上青云"，只要好好利用气流，我们就能相对轻松地滑翔到目的地。

薄薄4片翅，飞得还挺快！

你看到我的第800号队友没？

黑脉金斑蝶迁徙时数量通常数以百万计。

不会迷路吗

无需地图，不论天气好坏，我们总能找到正确方向。有些科学家研究表示，我们是靠太阳和地球磁场来导航的。

怎么过冬

成功抵达墨西哥！接下来，我们只需做一件事：抱团取暖。你瞧，山里每棵冷杉树上都挤满了蝴蝶，我得赶紧去占个位置。

天气最冷的时候，如果黑脉金斑蝶跌落地面后不赶快飞回蝶群，很容易被冻死。

蝴蝶也冬眠？真稀奇！

黑脉金斑蝶幼虫能将乳草的毒素储存在身体里，长成成虫后体内依然含有此类有毒物质。

要一直住在这儿吗

不好意思，一不小心就睡了好几个月，现在已经是第二年春天了吧，是时候回家啦！这主要是为了我未来的孩子，墨西哥没有它们爱吃的乳草，所以我们必须回去。

黑脉金斑蝶的迁徙路线。

返程方式和来时一样吗

折腾了大半年，我们这一代已经没力气再飞那么远了。生下宝宝后，我们就会死去，由第二代和第三代黑脉金斑蝶接力踏上归途。而最终在加拿大出生的第四代，将和我一样再次迁徙。

比比看，昆虫多奇妙

恐龙、指甲盖、飞机、高楼……它们看起来与昆虫毫无联系，真的是这样吗？让我们来一场昆虫跨界大比拼，换个角度认识这些"小"家伙！

爱唱歌的蝉

生物学家曾测量，蝉的叫声可达94分贝，如同飞机从头顶飞过产生的轰鸣声。尤其在夏天，成群的蝉开始大合唱，这震耳欲聋的噪声真叫人受不了。

飞机起飞时声音约140分贝。

分贝是可以表示声音大小的单位，也可以用来表示噪声等级。

汽车喇叭声约110分贝。

分贝越高，声音越大！

人正常说话的声音约60分贝。

昆虫中的佼佼者

论身长和体重，大王花金龟各个方面都很卓越。其成虫身长可达成人手掌般大小，体重可与乌鸫（dōng）等鸟类相比。

虫子也能上榜吉尼斯

中国巨竹节虫和成年人的手臂差不多长，它还曾拿下吉尼斯世界纪录，成为世界上最长的昆虫。

中国巨竹节虫足完全伸展可达64厘米。

小玄灰蝶翅展仅1.2～1.7厘米，和人的指甲盖差不多大。

阳彩臂金龟雄虫体长可达7.5厘米，其前足往往比身体还要长。

大牙锯天牛体长可达15厘米。

亚历山大鸟翼凤蝶翅展可达28厘米。

跳上"云霄"

如果比赛跳高，那你一定跳不过沫蝉。它跳跃的高度能够达到约自身身体长度的115倍，按比例算，这相当于一名成年男性跳到约71层楼那么高！

有科学家发现了几千万年前的蚊子化石，其腹部存有血液！

恐龙和昆虫，哪个更厉害

恐龙是中生代的"明星"，远古地球的陆地霸主，论威风哪只虫比得过恐龙？但几千万年过去，我们只能在博物馆一睹恐龙化石的风采，蚊子、蟑螂、白蚁、蜻蜓等古老昆虫却相当顽强，至今依然活跃在地球上。

古生代的蜻蜓堪称"空中巨无霸"！后来，由于大气环境变化等原因，巨型蜻蜓渐渐消失了。

蟑螂在侏罗纪晚期就出现了。不挑食、不怕压、繁殖力强、擅长躲避……这些"超能力"让它们在足以使恐龙灭绝的浩劫中存活了下来。

你以为白蚁只会啃木头吗？一些古生物学家发现，侏罗纪古白蚁会啃食恐龙的骨头！

23

各显神通的蛾子

翻开这页，有没有被我的大眼睛吓到？你说这招你早在蝴蝶家族那儿见过了！那今天就让你见识见识我们蛾子的奇妙本领。

五花八门的图案

先看看我身旁这几位，宽铃钩蛾、鬼脸天蛾和白眉天蛾，个个都是伪装高手。它们擅长欺骗和隐藏，手段各有千秋。

白眉天蛾

宽铃钩蛾

宽铃钩蛾在翅上模拟出苍蝇享用鸟屎的场景，能有效欺骗和躲避天敌。

巨眼大蚕蛾

鬼脸天蛾

身上长有骷髅头图案的鬼脸天蛾能发出奇特叫声，靠模仿年轻蜂王的"噪音"潜入蜂房，窃取蜂蜜。

今天晚上怎么一只蛾子都没有？

这双"大眼睛"是我后翅上的眼斑，靠它威吓天敌有奇效！

超声波，我不怕

我们蛾子常常在夜间活动，大多能听到并躲避蝙蝠的"夺命"超声波。而有些听力不佳的同类，进化出特殊的鳞片来吸收超声波，同样能在蝙蝠面前隐藏行踪。

白眉天蛾的翅和身体主要呈褐色，能很好地隐藏在沙土中。受到威胁时突然展开红色后翅，还能有效警示敌人。

原来它们不是被熏黑的呀。

一会儿黑，一会儿白

白色的桦尺蛾几乎能与桦树融为一体。但工业革命时期，桦树被工厂的烟熏黑，白色不再利于藏身，于是黑斑纹的桦尺蛾越来越多。后来空气质量改善，桦树恢复白色，白色桦尺蛾的数量渐渐增加。要我说，环境不被污染，它们也不必"与时俱进"了。

努力长得不像自己

说到隐藏，我们还会精湛的伪装术。蛾子们有的扮成树枝、树叶，有的干脆长成其他虫子的样子，连我都认不出来，更别说天敌了。

和枯叶蝶一样，艳叶夜蛾模仿的也是叶子，而且是卷曲、立体的叶子。

掌舟蛾休息时，双翅紧紧裹在身体两侧，像一截短树枝。

透翅蛾从外形到飞行姿态处处模仿蜂类。

不能飞也没关系

雌性蓑蛾没有翅，所以它选择躲进自己盖的"房子"里过隐居生活。

杨尺蛾的雌虫也没有翅，它们靠爬行上树，在树皮的缝隙间产卵。

比蝴蝶更艳丽

比生存本领，我们绝不输蝴蝶。比美，我们还要更胜一筹！马达加斯加燕蛾也叫日落蛾，这是因为它的鳞片五光十色，像落日一样炫目。

吃自己的饭，让别人说去吧

做父母的总归要让孩子吃饱、住暖。就算人类叫我们"幺蛾子""破坏大王"，也不影响我们坚持做蛾子里的模范家长！

把卵产在美食里

说到吃，我们成年的印度谷螟倒没太多需求，但我的孩子是地地道道的吃货，谷物、干果、药材……样样喜欢。所以我们常在储藏食物的地方产卵，等你在家里看到飞舞的印度谷螟，我的宝宝早已经美美地吃饱啦。

印度谷螟

印度谷螟幼虫常见于储藏物表面，它们可以咬破食物包装，然后一边吃一边吐丝把食物和排泄物连在一起。

啊！我的零食全坏了。

菜叶被小菜蛾幼虫疯狂啃食过后，整片叶子变成破破烂烂的网状。

美国白蛾

"打不死"的小菜蛾

小菜蛾算得上蛾子家族中的"战斗蛾"，它们繁殖力强、适应严寒酷暑，还能抵抗许多化学农药！付出与回报成正比，说得真没错。

小菜蛾

美国白蛾会对农林生产和居民生活造成严重影响。所以很多国家都严格防范其入境。这种挂在树上的小圆球或纸袋里通常装着周氏啮小蜂的蛹，这种蜂是美国白蛾的天敌。

禁止入境！

白色入侵者

小心，前方有一阵白烟！原来是美国白蛾，最近刚从北美洲搬来的蛾子。它们一产卵就是成百上千的数量，而且幼虫吃得多、吃得杂，成群出现时，什么好吃的都不给别人留！

蜡螟

赶紧把它们赶出去！再晚点就来不及啦！

头儿，这么小的虫子不用管它吧？

美国白蛾的幼虫在树叶上吐丝做成网幕，把里面的叶子吃得只剩叶脉。

蜂巢破坏者

像蜡螟这样偷偷潜入蜂巢产卵，把别人家给毁了的行为的确不光彩。蜡螟宝宝孵出后不仅吃蜂蜡，还在里面吐丝造巢，有时蜂群不得不举家逃离。

只管自家孩子

养蚕的人很不待见桑螟，因为桑螟宝宝也爱吃桑叶，桑叶变少了，蚕宝宝就得挨饿。不过，桑螟蛾可不管别人家的孩子，照样在桑叶背面产卵。

桑螟

桑螟幼虫会吐丝把叶片卷成筒状，藏在里面啃食叶子。

蛾子

长着蛇头的蛾中"巨人"

不许动！我是一条可怕的蛇，在我攻击你之前，你最好赶紧离开这儿！好吧，我骗你的，其实我是一只乌桕（jiù）大蚕蛾，也有人叫我蛇头蛾。别看我长得吓人，其实我的性格很温和。

乌桕大蚕蛾的翅展能达到 18 ～ 21 厘米。

好大的蛾子！比爸爸的手掌都大。

惊人的大个头

我不仅是蛾子里的"巨无霸"，整个昆虫界也少有翅像我的这么大的。不过，用这对翅飞行太耗力气了，多数情况下我只是静静地待着。

前翅尖端向外伸出，上面的"嘴"和"眼睛"看上去怒气冲冲，酷似蛇头。不少人认为，这两个"蛇头"能吓跑鸟类。

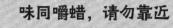

前后翅各有一个三角形区域，像保鲜膜一样呈半透明，能反光。人们猜测，乌桕大蚕蛾被天敌追击时，能靠翅的反光晃花敌人的眼。

味同嚼蜡，请勿靠近

刚出生，我的长相还很普通，但我很快就会分泌白色蜡粉包裹全身，不是为了美，而是为了告诉天敌我很难吃。我背部的棘突和尾部的橙色圆圈也有"别惹我"的意思。

从小就是大个头

等时候差不多了，我会褪下"白外套"，身体变得绿油油的，差不多有你的大拇指粗。

28

变身前的暴饮暴食

身体变大，胃口也跟着变大，只要有得吃，我就会进入暴食状态。然后结茧、化蛹、耐心等待……就蜕变成现在的样子啦！

乌桕大蚕蛾幼虫的主要寄主植物是乌桕、柳树、大叶合欢树等。乌桕是一种落叶乔木，秋季叶子会变红，种子可用于榨取油脂。

不吃也不喝

不过，我们成虫的口器会退化，因此不能进食，靠幼虫时代储存的能量维持生命。只要完成繁殖这件大事，寿命就差不多到终点了。

雌性乌桕大蚕蛾会向风中释放信息素，而雄性会通过羽状触角接收信号并前去赴约。

大蚕蛾，又叫天蚕蛾，这类蛾子有两个特点：个头大，造型华丽。比如造型飘然若仙的长尾大蚕蛾，它身后拖出两条长长的翅尾，有时会被误认为凤蝶。

天蛾也是蛾子中体形较大的一类，人们曾发现翅展达17.5厘米的锯翅天蛾。

29

真假小蜂鸟之谜

特技"飞行员"、世界上最小的鸟……我们是花丛中的"宝石"——蜂鸟。不过，有一伙蛾子专门冒充我们，你一定要看仔细。

咖啡透翅天蛾

四不像

你看这只咖啡透翅天蛾，毛茸茸、圆滚滚的体形像鸟；透明的翅像蜂；明明是蛾子，却没有蛾子样。看着这么个"四不像"在花丛里飞舞，很容易把它错认成别的动物。

与众蛾不同

蛾子常在夜晚出没，但小豆长喙天蛾偏不。它不仅专挑白天在花丛里撒欢儿，还学我在花前悬停，把长长的口器伸进花蕊里采蜜，像极了我们蜂鸟。

天蛾的传粉效率仅次于蜜蜂等膜翅目昆虫哟！

长喙天蛾饱餐之后，会把口盘起来，就像一圈圈的蚊香。

长喙天蛾飞行时振翅频率极高。

悬停技巧哪家强

我们蜂鸟是世界上最会飞行的鸟儿之一，不仅飞得快，而且擅于在空中悬停、急转、倒着飞。不得不承认，论灵巧，长喙天蛾都快赶上我了，这些飞行特技它都会！

假的真不了

　　不过，我们只生活在美洲地区，如果你在别的地方看到"蜂鸟"，那多半是碰见长喙天蛾了。只要你仔细观察，就会发现它们的真身是浑身布满暗色鳞片的蛾子。更别说它们还有毛毛虫形态呢。

比一比谁的"嘴"更长

　　这方面，我们蜂鸟甘拜下风。即便是喙像利剑般又尖又长的刀嘴蜂鸟，喙的长度也远比不上非洲长喙天蛾近30厘米长的口器。

大彗星兰如夜空中划过的彗星，星状花朵拖着长长的花距，那是它酝酿花蜜的地方。而非洲长喙天蛾是唯一能为它传粉的昆虫，奖励则是专属花蜜。

早在19世纪，达尔文看到大彗星兰标本时就曾预测，一定有某种口器很长的昆虫存在，为这种神奇的花朵传粉。

像大彗星兰与长喙天蛾这样彼此依赖、彼此促进的进化过程叫协同进化。

刀嘴蜂鸟

找不同：到底是蝴蝶还是蛾子

分不清蝴蝶和蛾子？这不是你的问题，因为它们都是鳞翅目昆虫，本来就是一家子！虽然它们没有分明的特征界限，但要分辨常见种类，还是有小窍门的。

常见的桑蚕蛾的触角呈双栉状，像两片羽毛。

看触角

蝶和蛾最大的区别在于触角。多数情况下，蝶的触角呈棒状，而蛾子的触角多种多样，有单栉状、双栉状、丝状以及锤状等。

看习性

"花飞蝶舞""飞蛾扑火"这些词语很有道理。蝴蝶多在白天寻花觅食，而蛾子倾向于夜间活动，且大多有趋光性。

飞蛾夜间活动时靠天然的月光或星光来导航，而烛火等人造光源的光线方向与天然光源不同，误导飞蛾越飞离火越近，形成了"飞蛾扑火"的现象。

看双翅

你以为翅好看的是蝴蝶，难看的就是蛾子吗？大错特错。正确方法是：看停歇时翅的状态。通常，蝴蝶会把翅合拢起来，蛾子就比较洒脱，将翅平展的情况居多。

看腹部

和蛾子浑圆、毛茸茸的身体比起来，蝴蝶的身体一般要瘦小、光滑些。

生命的开端

你已经知道了看外观区分蝶和蛾的简单方法，接下来再了解一下它们的成长过程吧。不论蛾或蝶，雌性和雄性交尾后产卵，少则几粒，多则数千粒。卵多为绿、白或黄色，其中蝶类的卵常有珍珠光泽。

从卵到毛虫

不同种类之间，卵孵化时间的差异很大，短的仅有2天。越冬卵时间最长，可达数月。蝶和蛾的幼虫期一般有5龄，毛毛虫每蜕一次皮增长一龄。

蛾的成长过程与蝴蝶相似，不过蛾蛹一般不裸露，幼虫会结茧或在地下蛾蛹室内化蛹。

蝴蝶的一生要经过卵、幼虫、蛹、成虫4个阶段。

破茧成蛾，破蛹成蝶

蛾和蝶的蛹差别比较大，蛾蛹为长椭圆形，颜色多棕褐色；蝶蛹的头部和胸部常有突起，而且颜色多变。另外，会吐丝结茧的一般是蛾的幼虫哟，大多数蝴蝶化蛹不结茧。

现在你分得清谁是**蛾子**、谁是**蝴蝶**了吗？

地球之网——食物网

地球如一座狩猎场，一场较量在所难免！生物间吃与被吃的关系交织成隐形的大网——食物网，每一个链条错综复杂，支撑着丰富多彩的大自然。

自给自足的生产者

自然界中，让人感到心旷神怡的绿色植物是食物链中的主要生产者。它们可以通过光合作用制造出有机物，并为植食动物所食，是"能量金字塔"中的第一营养级。

别小看素食者

从小小鼠类，到矫健的羚羊、强壮的大象，它们都以植物为食，属于一级消费者。由于植物包含的养分较低，所以植食动物需要不停地吃才吃得饱。

能量金字塔

随着吃与被吃不断发生，能量在不断传递的同时也在不断被消耗并减少。因此食物链一般不超过4或5个营养级。

地球"清道夫"

靠分解动植物残体和排遗物获得营养的生物被称作分解者。它们将能量归还到环境中去，被生产者再利用，是食物链中不可缺少的一环。

喜欢吃肉

蛙吃虫子、黄鼠狼吃老鼠。这些捕食植食动物的就属于二级消费者。

到底是几级消费者

以二级消费者为食的狼、狐狸、蛇等，称为三级消费者。不过，它们在不同食物链里的位置并不固定。比如，杂食性动物既可以是一级消费者，也可以是三级消费者。

一环扣一环

食物链环环相扣，哪怕是不起眼的蚜虫突然灭绝，也可能导致部分猎食者被饿死。

链条崩坏

像考拉这种几乎只吃桉树叶的物种，一旦桉树大面积消失，它们就将难以生存了。

食物链顶端的猛兽

狮、虎、鹰等猛兽猛禽以及人类，因为缺乏天敌而位于食物链顶端，是最高级消费者。

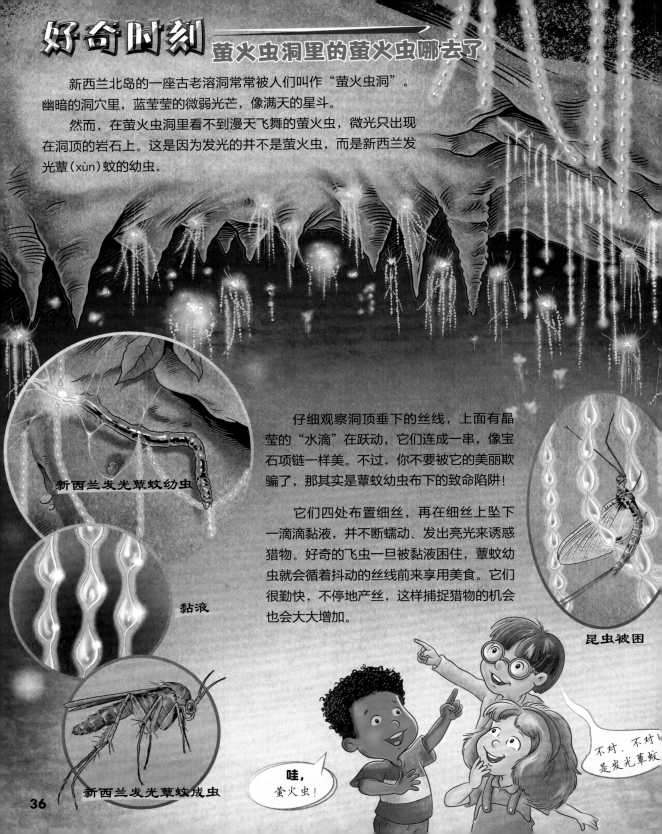

好奇时刻
萤火虫洞里的萤火虫哪去了

新西兰北岛的一座古老溶洞常常被人们叫作"萤火虫洞"。幽暗的洞穴里，蓝莹莹的微弱光芒，像满天的星斗。

然而，在萤火虫洞里看不到漫天飞舞的萤火虫，微光只出现在洞顶的岩石上。这是因为发光的并不是萤火虫，而是新西兰发光蕈（xùn）蚊的幼虫。

新西兰发光蕈蚊幼虫

黏液

仔细观察洞顶垂下的丝线，上面有晶莹的"水滴"在跃动，它们连成一串，像宝石项链一样美。不过，你不要被它的美丽欺骗了，那其实是蕈蚊幼虫布下的致命陷阱！

它们四处布置细丝，再在细丝上坠下一滴滴黏液，并不断蠕动、发出亮光来诱惑猎物。好奇的飞虫一旦被黏液困住，蕈蚊幼虫就会循着抖动的丝线前来享用美食。它们很勤快，不停地产丝，这样捕捉猎物的机会也会大大增加。

昆虫被困

新西兰发光蕈蚊成虫

哇，萤火虫！

不对，不对，是发光蕈蚊

新昆虫记

终极猎手档案

常凌小◎著　[俄罗斯] 德米特里·内波姆尼亚什奇◎绘

北京联合出版公司
Beijing United Publishing Co.,Ltd.

图书在版编目 (CIP) 数据

终极猎手档案 / 常凌小著；(俄罗斯) 德米特里·
内波姆尼亚什奇绘 . —北京：北京联合出版公司 , 2023.4
（新昆虫记）
ISBN 978-7-5596-6622-2

Ⅰ . ①终… Ⅱ . ①常… ②德… Ⅲ . ①昆虫 – 儿童读
物 Ⅳ . ① Q96-49

中国国家版本馆 CIP 数据核字 (2023) 第 025397 号

新昆虫记
终极猎手档案

出 品 人：赵红仕
项目策划：冷寒风
作　者：常凌小
绘　者：[俄罗斯] 德米特里·内波姆尼亚什奇
责任编辑：李艳芬
项目统筹：李春蕾
特约编辑：李春蕾　张　舒
美术统筹：张静翔
封面设计：周　正

北京联合出版公司出版
（北京市西城区德外大街83号楼9层　100088）
艺堂印刷（天津）有限公司印刷　新华书店经销
字数10千字　720×787毫米　1/12　3印张
2023年4月第1版　2023年4月第1次印刷
ISBN 978-7-5596-6622-2
定价：170.00元（全9册）

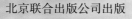

目录

一位人类朋友制作了这份不可思议的"猎手档案"里面全是我们的秘密……

昆虫中的"战斗机"

穿着黄黑条纹衫的不一定是勤劳可爱的蜜蜂，也可能是我，凶悍的胡蜂！当然，有人也叫我黄蜂，要是有人将我当成了马蜂，那就错了。我跟马蜂虽是一家，可我们不熟！

胡蜂总科中除了胡蜂科外，还包含蜾蠃（guǒ luǒ）科、马蜂科等10个科、约1.5万种昆虫。

胡蜂总科
胡蜂
马蜂
蜾蠃

出发，抢蜂蜜去

我有时还挺横，仗着自己有毒针和锋利的大颚，总爱欺负小虫子们。想吃蜂蜜了，我们就"打到"蜜蜂的巢穴去，抢走它们胖乎乎的幼虫和辛苦酿造的蜂蜜。不过蜜蜂也会利用我们怕热的弱点对付我们，它们一拥而上，紧紧围住我们，振动身体制造高温，试图把我们热死。

喝点苹果汁也要挨骂

只吃肉不利于均衡营养，我喜欢在餐后吃点儿甜点，新鲜的苹果汁就不错！正因为这一点，果农非常讨厌我，但是他不能把我怎么样。

在这个由蜜蜂围成的"蜂球"里，温度可高达46℃左右，身陷其中的胡蜂体温很快达到了它的极限，最终一命呜呼。

死因是……高温和窒息。

胡蜂对温度很敏感，没有蜜蜂耐高温。

胡蜂

蜜蜂

我的螫针可不是摆设

虽然我和蜜蜂都有螫（shì）针，但蜜蜂使用一次螫针攻击后就会死亡，而我们可以用螫针反复攻击敌人。

胡蜂控制螫针的肌肉发达，且针上倒钩角度小，可以轻易地插拔螫针，多次攻击目标。

蜜蜂控制螫针的肌肉不够发达，且针上还有倒钩，使得蜜蜂螫完敌人后无法收回螫针，最终因身体受损而死亡。

最好别惹我

如果你在野外喷很浓的香水或大吃特吃香甜的苹果派，我会顺着这些香味找到你。

我会在螫了你后留下信息素，闻到味道的同伴会赶过来继续攻击你。那时候你可就要倒大霉了。一旦被我们扎了，红肿疼痛不算什么，当心丢掉小命哟。

如果你发现我们在你家门口筑巢怎么办？不要轻举妄动，你对付不了我们——除非你是专业消防员。

胡蜂蜂巢里发生了什么

女王蜂

雄蜂

工蜂

我们有着严格的等级制，并且分工明确。

欢迎来到我的王国。别怕，今天我们不会蜇你。我想跟你讲讲我的故事，希望你能记住我短暂而了不起的一生。

女王的使命

我的寿命最长不过一年，和人类的寿命相比简直太短了，但和家族里的其他成员相比，我的寿命最长。

秋天时，我出生在一个即将消亡的家族，生而为王的我肩负着延续家族的重担。很快，我失去了家园，开始四处游荡，寻找能帮我熬过寒冬的栖身之所。

独自忙碌着的女王蜂

直到第二年春天降临，我活下来了，并建起了我的王国的第一块领地。没有任何帮手的我，凡事都要自己动手做，一点儿也不像个女王。

女王蜂还需要完成育幼、护巢、警戒等工作，直到第一批工蜂羽化，可以帮忙为止。

女王蜂会先造一个结实的柄，这是整个"空中之城"的根基。接着在第一批卵室上方建一个拱形屋顶，为宝宝们遮风挡雨。

终于快有工蜂帮我一起干活了！

外面的世界一定很美！

胡蜂生长过程

繁盛的胡蜂帝国

工蜂越来越多，蜂巢也越建越大，这时候我的王国进入了鼎盛期。女儿当自强，我的女儿们让我感到骄傲。

早期的蜂巢里只有女王蜂和工蜂（雌性），没有雄蜂。

胡蜂啃食树皮，将其中的植物纤维与唾沫混合后制成盖房子用的材料。

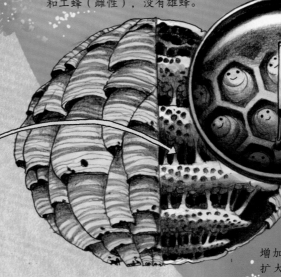

胡蜂幼虫食肉。

每层巢室之间由巢柄连接，上下层之间的距离刚好可以让胡蜂自由进出。

随着巢室一层层增加，外壳也会逐渐扩大，直至把整个胡蜂巢包起来，只留下小小的出入口。

胡蜂蜂巢那些事

我听说不同的胡蜂对于巢穴的要求不一样。有的胡蜂不建圆形蜂巢，而是独辟蹊径，搭建麻绳似的细长巢穴。有的虽建造圆形的巢穴，却要把巢穴埋到地底下。

看，搬来了新房客！

据说，带铃腹胡蜂建造的细长的巢穴就像一个易守难攻的独木桥，让蚂蚁等靠数量取胜的捕食者无计可施。

你们好！

地下巢穴的结构、建造材料和方式同地上巢穴基本相同。

弱小的胡蜂也有自己的生存之道。

EXIT

EXIT

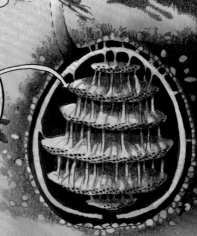

红娘胡蜂的巢穴在地下，人或动物踩到它们的巢穴，就会遭到它们的攻击，因此它们又被称为"地雷蜂"。

又是一年秋天将至，天气变得凉快。我能为这个家族做的最后的事，就是产下新的女王。就像我妈妈生下我一样。这时不仅需要孕育新的女王蜂，也是时候考虑生养几个儿子啦。

新女王蜂

新女王蜂的巢室通常在蜂巢的底部，比其他蜂巢都大。

如何决定"生男生女"

对人类来说，生男孩还是女孩是随机的，但我们胡蜂生男生女是由我自己做主。

女王蜂感觉到秋天将至时，才会考虑繁育雄蜂。

我不怕死，我只怕新的女王熬不过寒冬！

等到新的女王长大，它也将迎来孤独的大半生。雄蜂陪伴它到婚飞结束，剩下的路只能靠它自己。

新女王蜂与雄蜂婚飞

完成交配后，雄蜂便会死去，新女王蜂会寻找一处隐蔽安全的地方准备过冬。如果熬过了冬天，它将会为胡蜂家族开启新一轮的生命历程。

雄蜂是女王蜂产下的未受精的卵发育而成的。

勤劳的工蜂

回顾我的一生，幼年时在工蜂辛勤的哺育中长大，建起帝国后，那些烦琐的事：捕食、照顾幼虫、保卫家园等工作也几乎由工蜂们承担。

小家伙真能吃，食物不够了，又得去捕猎了。

你可当心点，别又迷路了。

因为这个形状的蜂房是相同材料用量下，使用空间最大的设计。

为什么所有的蜂房都是正六棱柱形？

工蜂捕获猎物后并不会直接吃掉，它们将食物带回巢穴，咀嚼细碎后喂给幼虫，等待幼虫分泌出透明的含糖液体再饲养成虫。

"蜂"脸识别

我们的等级制度很严苛，不过工蜂中的地位高低却不是天生的，而是通过打架来确立。但是，蜂巢里有那么多工蜂，总不能每次相遇都打一架吧！其实我们也是能认脸的。

虽然看上去大同小异，实际上每只蜂脸上的黄黑花纹都不一样。有人曾给一只胡蜂画了个"花脸"，再放回蜂巢，家族里的其他蜂就不认识它了，只有再打一架重新确立等级后，它才能回归蜂群。

胡蜂和造纸术

法国物理学家列奥谬尔受胡蜂筑巢的启发，想到了用木头造纸的方法。

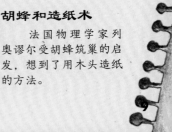

胡蜂大家族

我要做一个关于胡蜂大家族的报道，据我所知，还是有很多人分不清我们。

飞行时

马蜂的细腰很明显且腹部圆滑。

胡蜂的腰不太明显，且腹部平滑。

马蜂和胡蜂，到底怎么分

我们胡蜂和马蜂在身体结构和行为上有明显的区别，但还是有很多人分不清我们。

马蜂

胡蜂

蜾蠃又称稻青虫，一种蛾的幼虫。

蜾蠃

古时人们认为蜾蠃没有后代，只好把螟蛉衔回窝内抚养。实际上，蜾蠃并不是慈祥的养母，而是一个残忍的猎手。

腰肢苗条的蜾蠃

蜾蠃（guǒ luǒ）是我们家族中较为有名的成员之一，它们最明显的特征就是腹部第一节又细又长。我实在没想明白它们为什么进化出那么纤细的腰。

蜾蠃常在竹筒、泥墙或树枝上筑巢。它们把水和泥和在一起，做成花瓶形状的泥罐。

蜾蠃平时不筑巢，只有快生宝宝的时候才开始建造育婴室。育婴室建好后，蜾蠃把腹部伸进去产卵，并分泌一种细丝状物将卵悬挂在屋顶下面。

被误会的"喂食行为"

螺蠃捕捉毛毛虫塞进育婴室里,它可不是在饲养毛毛虫,而是为幼虫储备粮食。

最后,螺蠃妈妈给育婴室盖上盖子就飞走了,准备下一个巢。

毛毛虫怎么会这么听话呢?原来螺蠃妈妈早就给它注射了一针"麻醉剂",让它动弹不得。

你知道早期人类是怎样制作陶器的吗

和螺蠃的筑巢方法很像,人类早期制陶时也曾经采用过泥条盘筑的方法。

马萨胡蜂没有蜜蜂特有的花粉刷,它们采食花粉、花蜜后,带回巢穴反刍给幼虫。

会采蜜的胡蜂

说到采蜜,你一定觉得这是蜜蜂的"专利",但我的远亲马萨胡蜂却有着和蜜蜂相似的习性,它是家族中唯一一种用花粉或花蜜喂养幼虫的胡蜂,所以也被称为"花粉胡蜂"。

一个优雅的杀手

天生就是个顶级猎手

我每天举着两把"大镰刀",常在清早和傍晚出门猎食。如果是在夏季太阳暴晒着的午后,我宁愿躲在家里睡大觉——我真的好怕热。

杂草丛看上去平静祥和。但越是平静的地方越会出现意想不到的危险。

> 我每次挥舞胳膊都得小心点,

> 别给自己划出了伤口!

> 为了走上虫生巅峰,我们也是很努力地加强身体素质!

螳螂的前臂上长有锯齿,被它抓住的猎物很难逃跑。

我的实力不允许你对我太大意。就说我出刀的速度,只有0.1秒。比你眨一下眼睛还要快10倍。突然靠这么近,是想看我的眼睛吗?我有一对大大的复眼和3只单眼,这么多眼睛让我有了立体视觉,能精准地锁定猎物。

科学家试图弄清楚螳螂立体视觉的原理,以便研制更智能的机器人。

螳螂的眼睛看上去会变色是因为光的反射和折射。

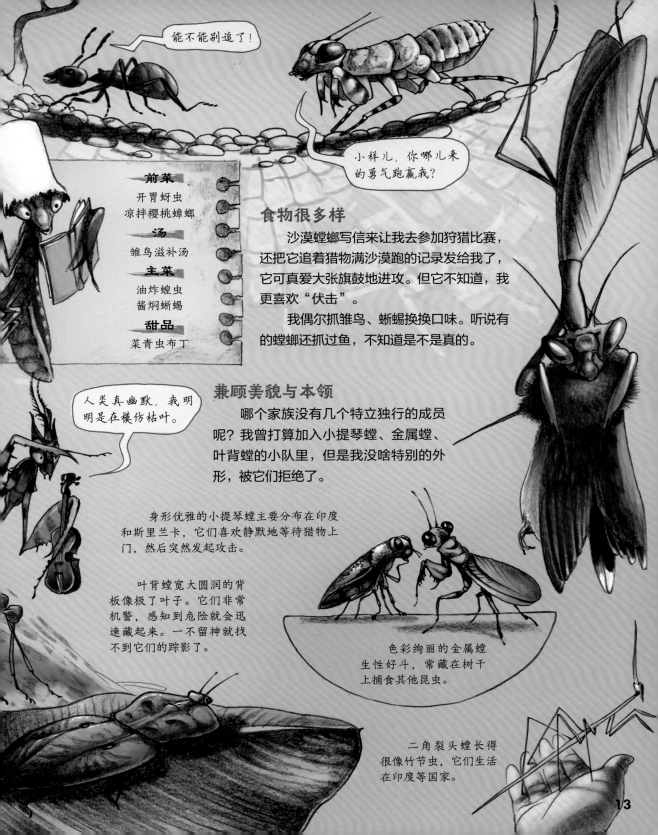

能不能别追了!

小样儿，你哪儿来的勇气跑赢我？

人类真幽默，我明明是在模仿枯叶。

前菜

开胃蚜虫
凉拌樱桃蟑螂

汤

雏鸟滋补汤

主菜

油炸蝗虫
酱焖蜥蜴

甜品

菜青虫布丁

食物很多样

沙漠螳螂写信来让我去参加狩猎比赛，还把它追着猎物满沙漠跑的记录发给我了，它可真爱大张旗鼓地进攻。但它不知道，我更喜欢"伏击"。

我偶尔抓雏鸟、蜥蜴换换口味。听说有的螳螂还抓过鱼，不知道是不是真的。

兼顾美貌与本领

哪个家族没有几个特立独行的成员呢？我曾打算加入小提琴螳、金属螳、叶背螳的小队里，但是我没啥特别的外形，被它们拒绝了。

身形优雅的小提琴螳主要分布在印度和斯里兰卡，它们喜欢静默地等待猎物上门，然后突然发起攻击。

叶背螳宽大圆润的背板像极了叶子。它们非常机警，感知到危险就会迅速藏起来。一不留神就找不到它们的踪影了。

色彩绚丽的金属螳生性好斗，常藏在树干上捕食其他昆虫。

二角裂头螳长得很像竹节虫，它们生活在印度等国家。

13

优雅杀手诞生记

众所周知，雌性螳螂的脾气极其糟糕。它们强健的体魄也让我们充满了敬畏之心。我听说人类编了各种故事来解释雌性螳螂为什么要"吃掉"雄性螳螂，真不可思议！

冒着生命危险生娃

我在遇见我的太太之前，一直过着独来独往的生活，直到太太的出现，我才有了家庭。太太是如此的强大，如果它饿了，而我又不能及时离开，可能会成为它的食物。这不是开玩笑的。

我的哥哥没能逃过嫂子的攻击，很不幸地丢掉了性命。这种事件不常发生，我们雄螳螂挺擅长逃跑的。

螳螂的神经系统遍布全身，即使被啃掉了脑袋，雄螳螂也能继续交配。

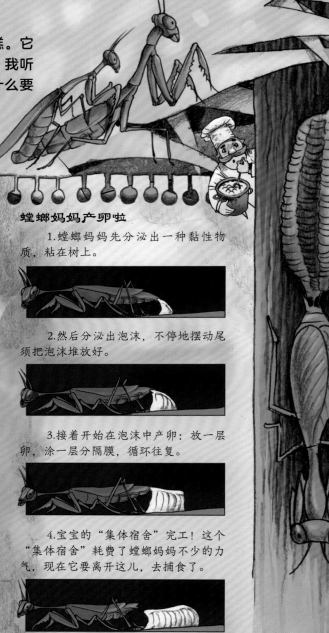

螳螂妈妈产卵啦

1.螳螂妈妈先分泌出一种黏性物质，粘在树上。

2.然后分泌出泡沫，不停地摆动尾须把泡沫堆放好。

3.接着开始在泡沫中产卵：放一层卵，涂一层分隔膜，循环往复。

4.宝宝的"集体宿舍"完工！这个"集体宿舍"耗费了螳螂妈妈不少的力气，现在它要离开这儿，去捕食了。

螳螂宝宝的"集体宿舍"

你有没有在树枝上发现过一块脏兮兮的"塑料泡沫"？它的表面粘着一些白色粉末，背面鼓起一道纵向的"背脊"。没错，这就是我为宝宝准备的家。

别看螳螂卵鞘外表粗糙，内部结构却很精细。如果你把它切开，会发现几百个卵室整齐排列，顶端都通向孵化孔，那是螳螂宝宝钻出来的地方。

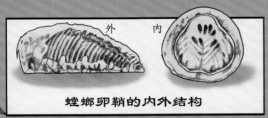

外　内

螳螂卵鞘的内外结构

通过卵鞘看家族

不同种类的螳螂妈妈会生产不同的卵鞘，有经验的昆虫学家能根据卵鞘分辨住在里面的是什么螳螂宝宝。

这是一只幽灵螳，它们的卵鞘上有一个尖锐的角，这是一个非常重要的特征。

有人能根据卵鞘的坚硬程度辨别螳螂种类。

怎样判断幽灵螳的性别呢

这是我的朋友幽灵螳和它的太太。幽灵螳真的很好区分性别，戴宽头冠的是太太，戴窄头冠的是先生。

小心螳小蜂

可恶的螳小蜂！好好的卵鞘被它扎出了一排小孔。这个卵中的小螳螂危险了，有可能会全部死亡。螳小蜂可真会给自己的孩子找温暖的家，但是我们的孩子就遭殃了。

螳螂的卵鞘也能保护我的孩子度过寒冬。

这是一种寄生行为，你正在读的这本书里也有相关内容，你可以查阅目录找到它，抢先了解。

螳小蜂会在卵鞘还没变硬之前，利用长长的产卵器，将自己的卵产在螳螂卵中。等到螳小蜂的幼虫孵化以后，便以螳螂的卵为食。

小螳螂的"生存游戏"

螳螂妈妈"绞尽脑汁"地改良卵鞘，保护孩子们平安降生，但小螳螂们的生存之路才刚刚开始。你现在有一只小螳螂，跟它一起去"闯关"吧，祝你好运！

被蚂蚁吃掉。

1、出生

你的小螳螂率先从卵鞘里爬出来，即将经历一次蜕皮，开始自由的生活。你了解到小螳螂能靠尾部的丝悬在半空中蜕皮，这样可以躲避蚂蚁等捕食者的攻击。快让你的小螳螂学起来吧。

顺利出生，进入下一关。

威吓失败，被吃掉

被兄弟姐妹吃掉。

蜕皮失败，死掉。

2、蜕皮

蜕皮行为很关键，如果小螳螂在蜕皮时营养不良、环境太干燥或受到打扰，很可能蜕皮失败，成为"残疾螳螂"，甚至丧失捕食能力，活活饿死。

成功蜕皮。

威吓成功，逃过一劫。

3、敌人来袭

你的小螳螂遇到了敌人，它本能地举起前足，张牙舞爪地威吓对方。

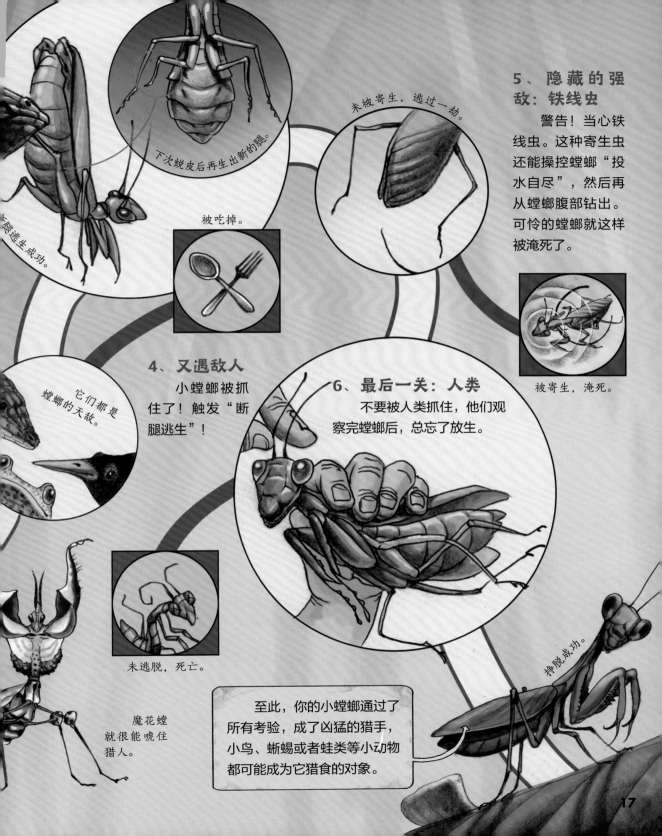

下次蜕皮后再生出新的腿。

未被寄生，逃过一劫。

断腿逃生成功。

被吃掉。

5、隐藏的强敌：铁线虫

警告！当心铁线虫。这种寄生虫还能操控螳螂"投水自尽"，然后再从螳螂腹部钻出。可怜的螳螂就这样被淹死了。

被寄生，淹死。

4、又遇敌人

小螳螂被抓住了！触发"断腿逃生"！

它们都是螳螂的天敌。

6、最后一关：人类

不要被人类抓住，他们观察完螳螂后，总忘了放生。

脱身成功。

未逃脱，死亡。

魔花螳就很能唬住猎人。

至此，你的小螳螂通过了所有考验，成了凶猛的猎手，小鸟、蜥蜴或者蛙类等小动物都可能成为它猎食的对象。

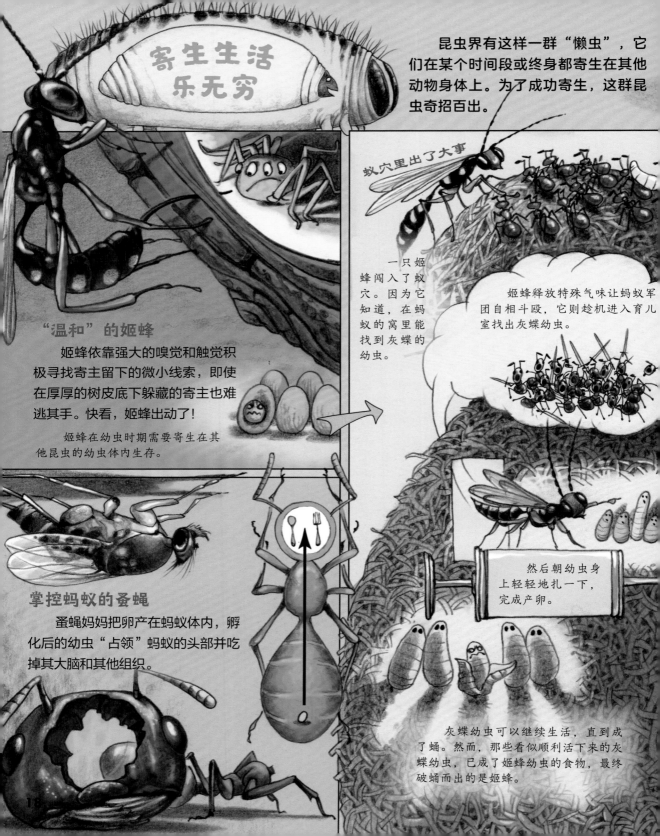

寄生生活乐无穷

昆虫界有这样一群"懒虫"，它们在某个时间段或终身都寄生在其他动物身体上。为了成功寄生，这群昆虫奇招百出。

"温和"的姬蜂

姬蜂依靠强大的嗅觉和触觉积极寻找寄主留下的微小线索，即使在厚厚的树皮底下躲藏的寄主也难逃其手。快看，姬蜂出动了！

姬蜂在幼虫时期需要寄生在其他昆虫的幼虫体内生存。

掌控蚂蚁的蚤蝇

蚤蝇妈妈把卵产在蚂蚁体内，孵化后的幼虫"占领"蚂蚁的头部并吃掉其大脑和其他组织。

蚁穴里出了大事

一只姬蜂闯入了蚁穴。因为它知道，在蚂蚁的窝里能找到灰蝶的幼虫。

姬蜂释放特殊气味让蚂蚁军团自相斗殴，它则趁机进入育儿室找出灰蝶幼虫。

然后朝幼虫身上轻轻地扎一下，完成产卵。

灰蝶幼虫可以继续生活，直到成了蛹。然而，那些看似顺利活下来的灰蝶幼虫，已成了姬蜂幼虫的食物，最终破蛹而出的是姬蜂。

茧蜂的生存之战

茧蜂是茧蜂科数百种昆虫的统称，属于膜翅目姬蜂总科的一员，它们专门将卵产在宿主毛毛虫身上，是种寄生蜂。

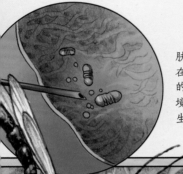

毛毛虫的皮肤和肠道之间存在一种营养丰富的物质，这种环境适合茧蜂的卵生长。

天敌昆虫：赤眼蜂

赤眼蜂会将卵产在寄主的卵内，而它的寄主多为鳞翅目的昆虫，比如玉米螟、棉铃虫等危害农作物的昆虫，人类常利用赤眼蜂预防虫害。

第2步

非同寻常的情况出现了，这只毛毛虫体内还有一种长着大颚的茧蜂！

会用毒的幼虫大战有大颚的幼虫，谁能占领这只毛毛虫呢？会用毒的幼虫略胜一筹，获得最终胜利。

第1步

茧蜂用中空的刺针扎入毛毛虫的身体，注入自己的卵。

第4步 茧蜂幼虫从毛毛虫体内钻出来开始吐丝化蛹，有趣的是，已经奄奄一息的毛毛虫还会吐丝保护这些茧蜂的蛹。

第3步

毛毛虫长得非常胖了，而住在它身体里的茧蜂幼虫也到了吐丝化蛹的时候。

19

猎蝽

狡猾的昆虫刺客

别说话！

你的呼吸就已经打扰到我了，还嚷嚷什么。今天的伪装太简单，我都紧张得抠紧了脚趾头——呃，我好像没有脚趾头。

猎蝽，你怎么穿成这样？

卵　　刚孵化的若虫

"猎手"的诞生

二龄若虫　　成虫

昆虫界的刺客

作为一只"刺客虫"，时刻保持警惕是生存之道。我们擅长伪装，不仅会将吃剩的残渣带在身上，沙土、灰尘也可以做成"防护衣"应应急。

有的猎蝽会把植物碎片和吃剩下的小昆虫粘在背上，让自己看起来像一堆移动的垃圾。

有一些猎蝽对于伪装就很随意，可能只是往上沾一点沙粒。

一部分猎蝽会把蜕下来的皮沾在背上留作纪念。

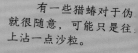
骗过它了，快跑！

欢迎回家！

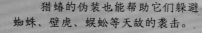
猎蝽的伪装也能帮助它们躲避蜘蛛、壁虎、蜈蚣等天敌的袭击。

我昨天出门时就被一只壁虎盯上了，还好我背了很多伪装才没被咬住，聪明的我又背上沙粒藏到白蚁那儿，这才逃过一劫。今天得赶紧捕蚂蚁"备货"。混入蚁穴后，通常情况下它们发现不了我。你可以跟着我，但请不要妨碍我。

技能满满

　　仅凭伪装不足以让我称霸刺客界，一名优秀的刺客还得有独门绝技。我的秘诀是特殊的嘴巴（口器），它锋利又尖锐，能刺入猎物的身体，让我顺利注射毒液捕获猎物。对付毛毛虫时，用毒很方便。

　　猎蝽尖锐的口器能刺破猎物的皮层，同时向猎物体内输送毒液，分解掉猎物的内脏。口器还能充当吸管，方便它取食猎物体液。

　　我的家族里有喜欢吃马陆的猎蝽。它们可真厉害，能打败体型那么大的马陆。

　　生活在澳大利亚的一种猎蝽凭借猎杀蜘蛛频频登上"虫报"头条。它们爬到蜘蛛网上模仿猎物触网引出蜘蛛，等蜘蛛靠近后迅速发起攻击，一击必杀。

　　要论艺高虫胆大，锥蝽当无愧。它是我们家族里极少吸食血液的猎蝽，听说它喜叮咬人类的嘴唇，因此有了"接吻虫"的绰号。它会将一疾病传给人类，在人类心里的名声糟糕透了。

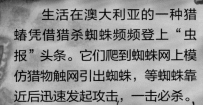

　　胶猎蝽会用松脂武装自己的前腿，利用松脂的黏性粘住猎物，让猎物很难挣脱。

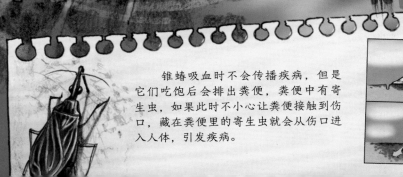

　　锥蝽吸血时不会传播疾病，但是它们吃饱后会排出粪便，粪便中有寄生虫，如果此时不小心让粪便接触到伤口，藏在粪便里的寄生虫就会从伤口进入人体，引发疾病。

21

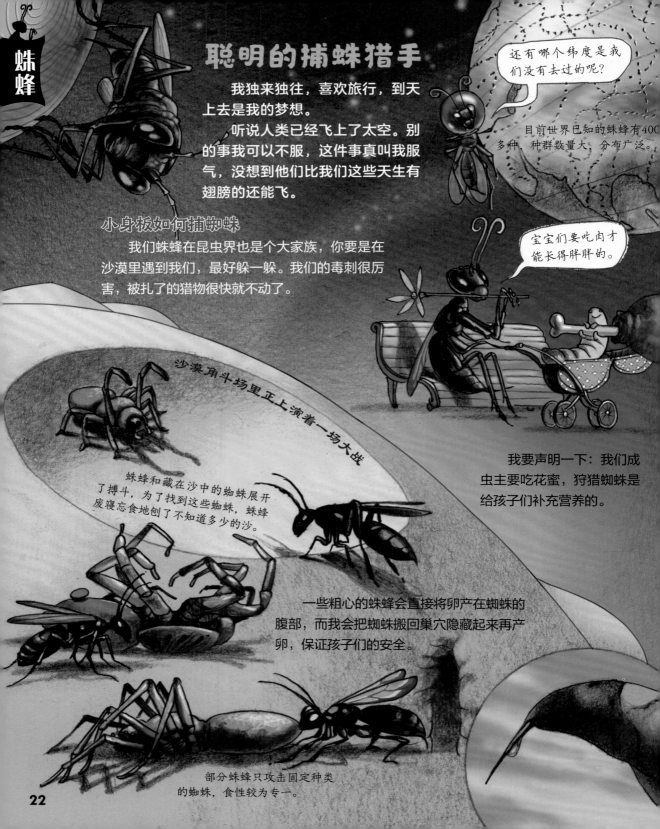

聪明的捕蛛猎手

蛛蜂

我独来独往，喜欢旅行，到天上去是我的梦想。

听说人类已经飞上了太空。别的事我可以不服，这件事真叫我服气，没想到他们比我们这些天生有翅膀的还能飞。

小身板如何捕蜘蛛

我们蛛蜂在昆虫界也是个大家族，你要是在沙漠里遇到我们，最好躲一躲。我们的毒刺很厉害，被扎了的猎物很快就不动了。

还有哪个纬度是我们没有去过的呢？

目前世界已知的蛛蜂有400多种，种群数量大，分布广泛。

宝宝们要吃肉才能长得胖胖的。

沙漠角斗场里正上演着一场大战

蛛蜂和藏在沙中的蜘蛛展开了搏斗，为了找到这些蜘蛛，蛛蜂废寝忘食地刨了不知道多少的沙。

我要声明一下：我们成虫主要吃花蜜，狩猎蜘蛛是给孩子们补充营养的。

一些粗心的蛛蜂会直接将卵产在蜘蛛的腹部，而我会把蜘蛛搬回巢穴隐藏起来再产卵，保证孩子们的安全。

部分蛛蜂只攻击固定种类的蜘蛛，食性较为专一。

22

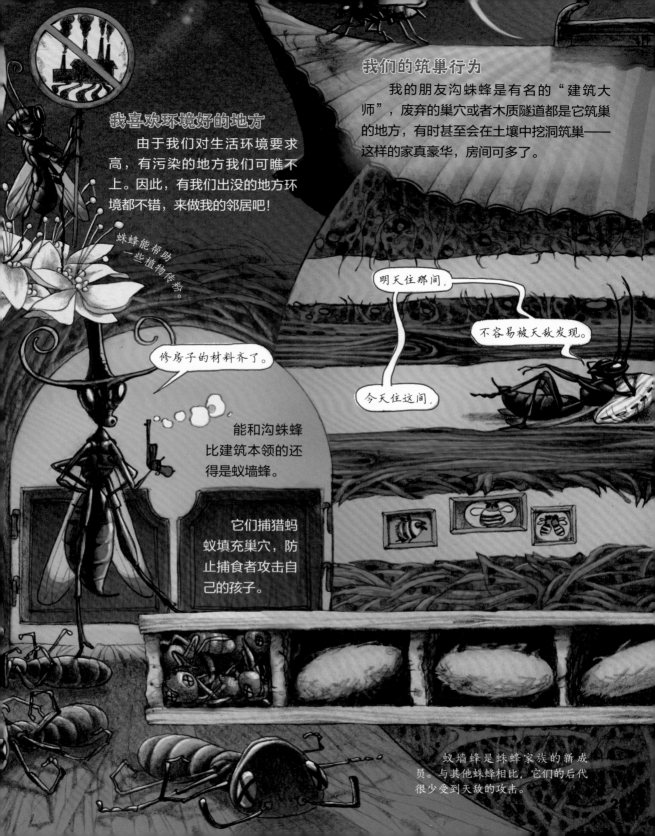

我喜欢环境好的地方

由于我们对生活环境要求高，有污染的地方我们可瞧不上。因此，有我们出没的地方环境都不错，来做我的邻居吧！

蛛蜂能帮助一些植物传粉。

我们的筑巢行为

我的朋友沟蛛蜂是有名的"建筑大师"，废弃的巢穴或者木质隧道都是它筑巢的地方，有时甚至会在土壤中挖洞筑巢——这样的家真豪华，房间可多了。

明天住那间。

不容易被天敌发现。

今天住这间。

修房子的材料齐了。

能和沟蛛蜂比建筑本领的还得是蚁墙蜂。

它们捕猎蚂蚁填充巢穴，防止捕食者攻击自己的孩子。

蚁墙蜂是蛛蜂家族的新成员。与其他蛛蜂相比，它们的后代很少受到天敌的攻击。

昆虫界的"杜鹃鸟"

郭公虫

我最近在考虑要不要搬家。如果你有一个天天追着各种虫子跑的邻居，说不定能理解我的烦恼。

> 大哥，您是吃早餐还是午餐还是早午餐呀。

> 站住！往哪儿逃！

我们各有所好

我刚搬进松树林公寓时就认识了这两位邻居。大家都是郭公虫，但性格差异可不小。小郭搜寻气味捕食，从容又优雅，大郭喜欢追着猎物四处跑，整日吵吵闹闹。

雌虫将卵产于小蠹的卵或幼虫的附近，卵孵化后即可取食小蠹卵。

多吃小蠹，长得胖

松树林"托儿所"的伙食不错，我的宝宝每顿都有小蠹（dù）吃，已经长得白白胖胖的。

郭公虫成虫和幼虫捕食小蠹时，可通过声响或特殊气味搜寻、追踪小蠹。

郭公虫科
*全球约有3000种，多分布在热带。
*鞘翅色泽鲜艳。
*可藏在花中觅食。
*多为捕食性，是天敌型昆虫之一。

名字的由来

想和我做朋友吗？那就先记住我的名字吧。然后我再告诉你，我的名字的故事。

很久很久以前——
人们发现有种虫子跟杜鹃鸟一样喜欢把卵产在别人的巢穴里，便将它称为"杜鹃虫"。不过杜鹃在古代又叫"郭公"，于是这种虫又被称为"郭公虫"。

> 这是真的

> 可能吧。

虎甲

郭公虫的外观近似虎甲虫，大部分郭公虫的身体上满布微细短毛。

吃蜜蜂的亲戚

我有个亲戚叫食蜂郭公，看字面意思就能知道，它是吃蜜蜂的。而且它不仅吃喝拉撒都在蜂巢里，蜜蜂们还会照顾它呢。

狭路相逢勇者胜

铛、铛、铛！又有虫在一决雌雄。比起打架，我觉得它们应该把力气用在捕食上，你觉得我说得对吗？

印有郭公虫形象的邮票。

让仓库管理员头疼的赤足郭公

我们长相不错，深受人类的喜爱，还被他们印在了邮票上。不过，一小部分亲戚在人类那儿名声不怎么好。

嘎吱——

只要藏得好，人类就发现不了我，我就可以在他们的仓库里住下来。

赤足郭公的臭名大家都听说了，人类的仓库里的熏肉、火腿、蛋黄、干酪等都是它们的最爱。

25

会使用陷阱的小恶魔

是你敲我的门吗？又是来拜师学艺的吧，今年学费涨啦，我要收两只蚂蚁。

1龄蚁狮

3龄蚁狮

随着年龄的增长，蚁狮能承受的沙粒的颗粒大小不一样。

沙地里的小魔鬼

想学挖陷阱的本事，找我你算是找对虫了。我们蚁狮是陷阱专家，专门坑骗蚂蚁。首先，你要先找一处干燥的沙地。其次，得知道你能承受多重的沙粒。把自己埋在沙里可是个体力活，身体得足够强壮才行。

蚁狮所过之处会留下面条一样的痕迹，因此又被戏称为"面条虫"。

打洞小妙招

我们倒退着移动，靠腹部发力快速钻入沙地里。你可以多练习这个绝招。大颚也别闲着，把沙粒往两旁拨开。

吃完后要扔掉"厨余垃圾"保持陷阱干净。

当蚂蚁发现自己快被吃掉时，会疯狂地往外跑，这个时候蚁狮就会向蚂蚁扔沙子，让蚂蚁滑进陷阱底部。

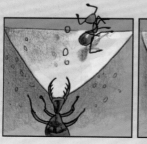

我已经3个月没吃饭了!

这儿没有我能吃的东西了，是时候考虑换个地方埋伏了。

蚁狮是个挑食宝宝，它只吸食昆虫的汁液，并不吃肉。这是因为蚁狮后肠封闭，不能拉尼尼，所以许多东西它都不能吃。

蚁蛉属于脉翅目昆虫，它们触角短小，翅膀透明，能够在空中飘逸地飞翔。

埋伏可不容易

找到埋伏之地后，我们就要开启家里蹲的模式，为了等来猎物，我们不能随意离开陷阱，耐饿是必须掌握的技能。由于长期忍饥挨饿，我们成年的时间不一样。有的蚁狮甚至要3年才能"羽化变身"！

羽化成仙

别看我现在长得一言难尽，但是蜕变之后的我是个小仙女。名字也改了，叫蚁蛉。

但是成年后的我没有小时候的我名气大。难道是因为成年后我们大多在晚上出来活动，不容易被看到？成年生活真无趣呢。

蚁蛉体翅狭长，有点像豆娘。它们种类较多，在中国有记载的就有70多种。

给达尔文的启示

听说，生物学家达尔文发现澳大利亚的蚁狮与他家乡的蚁狮十分相似。远隔重洋的种群居然存在着关联。

27

果园卫士！果园卫士！你在哪里？

人们总叫我"果园卫士"，我都快忘了自己的名字叫草蛉了。算了，大家开心就好。他们找我做什么？原来是果园里来了一群捣蛋鬼。瞧瞧，这些蚜虫、介壳虫、红蜘蛛又在啃食枝叶和花果了。

蚜虫的克星

谁不服我是"大胃王"

我在昆虫界有个响当当的名号——"大胃王"。一些昆虫成年后都忙着繁衍后代，顾不上吃饭，我可是从小到大都不能省了吃饭这么重要的事。

这些捣蛋鬼都在我的食谱中，不用挑，统统端上来！我能吃完！

一只大草蛉成虫一生可吃掉3000～4000头蚜虫。

大胃王

一只普通草蛉雌虫在一个夏季产生的子代幼虫，在理论上能消灭蚜虫上千万头。

草蛉大家族

我们与蚁蛉有点像，对不起，我也不太分得清谁是谁，所以我从来不笑话那些分辨不出我们的人。

草蛉的种类主要有大草蛉、丽草蛉、叶色草蛉、多斑草蛉、粘蛉草蛉、黄褐草蛉、亚非草蛉、白线草蛉、普通草蛉和中华草蛉等。

那位先生，你是只蚁蛉，来草蛉家族的聚会上凑什么热闹？

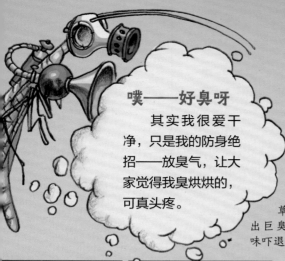

多晒太阳，多产卵

看，我的妹妹又在晒太阳了，它非常希望拥有自己的孩子，充足的日光浴能让它产更多的卵。当妈妈可不容易，我们得把孩子们放在安全的地方，防止蚂蚁等昆虫伤害它们。

噗——好臭呀

其实我很爱干净，只是我的防身绝招——放臭气，让大家觉得我臭烘烘的，可真头疼。

草蛉能散发出巨臭无比的气味吓退敌人。

草蛉产卵过程

① 草蛉从尾部释放黏粘在植物的茎叶上。

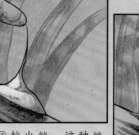

② 拉出丝，这种丝在空气中很快变得坚硬。

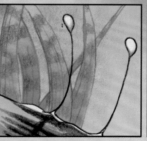

③ 挂上卵。

④ 蚂蚁等昆虫走过时，无法发现半空中的卵，就不会攻击草蛉的卵。

疯狂进食的宝宝

过不了多久，妹妹产的卵就会孵化出小宝宝，它们出生后就会捕猎，而且特别能吃。等这群小家伙长得胖乎乎的，它们会吐丝筑起温暖的小窝，在窝里等待"变身"。

长大后的幼虫会化蛹"变身"，再出现时就是成虫了。

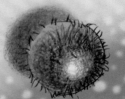

明年见！

有些种类的草蛉夏季多是绿色，越冬时会变成黄色，天气转暖后又变绿。

夏天绿色，冬天黄色

就快到冬天了，我也该给自己换身衣服过冬啦。我的哥哥怕冷，它已经穿上了黄色的冬装。

被误解的隐翅虫家族

又被人类"投诉"了，都是面前这个红黑相间的毒隐翅虫惹的祸。真是凭一己之力让整个隐翅虫家族声名狼藉。

人类先动手打我的。

说得好有道理，我竟无力反驳。

前翅　后翅

为什么叫隐翅虫

别看我很小一只，我也是名副其实的甲虫。我的前翅很短但后翅很长，所以每次用完后翅都要费半天的工夫将它塞回前翅下。

隐翅虫为什么要辛苦地藏起翅而不是把背甲进化长一点？

也许它是想变……

1、2、1、1、2、1……
每天坚持叠后翅，我的腹部很强健，不信？敢不敢比一下仰卧起坐？

哎哎哎，差一点儿就叠好了。这会儿你可别碰我，虽然我逃跑的速度一流，你根本不可能抓到我，但是我一点儿也不想从头再叠一次翅！

在蚂蚁窝骗吃骗喝

居然被瓢虫发现了我们的"真实目的"。没错，我们常伪装成蚂蚁混入蚁穴，只为蹭吃蹭喝。这已然成了我们的生存方式之一。所以我们长得越来越像蚂蚁也就不奇怪了。

①模拟气味，混入行军蚁骗吃骗喝。

②释放信号，激发蚂蚁哺育习性。

③有些种类的成虫会选择去其他蚂蚁的窝产卵，然后回到之前的蚁群继续生活。

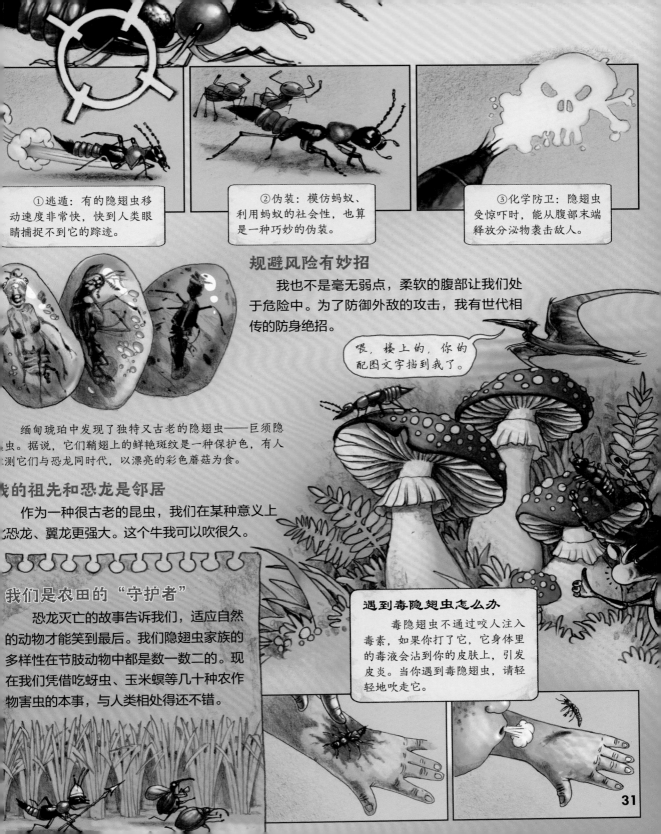

①逃遁：有的隐翅虫移动速度非常快，快到人类眼睛捕捉不到它的踪迹。

②伪装：模仿蚂蚁、利用蚂蚁的社会性，也算是一种巧妙的伪装。

③化学防卫：隐翅虫受惊吓时，能从腹部末端释放分泌物袭击敌人。

规避风险有妙招

我也不是毫无弱点，柔软的腹部让我们处于危险中。为了防御外敌的攻击，我有世代相传的防身绝招。

喂，楼上的，你的配图文字挡到我了。

缅甸琥珀中发现了独特又古老的隐翅虫——巨须隐翅虫。据说，它们鞘翅上的鲜艳斑纹是一种保护色，有人推测它们与恐龙同时代，以漂亮的彩色蘑菇为食。

我的祖先和恐龙是邻居

作为一种很古老的昆虫，我们在某种意义上比恐龙、翼龙更强大。这个牛我可以吹很久。

我们是农田的"守护者"

恐龙灭亡的故事告诉我们，适应自然的动物才能笑到最后。我们隐翅虫家族的多样性在节肢动物中都是数一数二的。现在我们凭借吃蚜虫、玉米螟等几十种农作物害虫的本事，与人类相处得还不错。

遇到毒隐翅虫怎么办

毒隐翅虫不通过咬人注入毒素，如果你打了它，它身体里的毒液会沾到你的皮肤上，引发皮炎。当你遇到毒隐翅虫，请轻轻地吹走它。

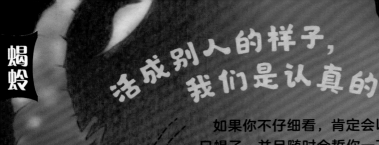

活成别人的样子，我们是认真的

有蝎尾的是雄性蝎蛉。

如果你不仔细看，肯定会以为这里藏着一只蝎子，并且随时会蜇你一下。其实这是我的腹部，但我跟你一样，几乎每天都会被它吓一跳。身为蝎蛉，居然害怕自己的腹部，我恐怕是族中第一虫。

蝎蛉不是蝎子

除了腹部，我和蝎子毫无其他相似之处。不对，其实我们霸道蛮横的性格是很相像的。我时不时会打蜘蛛的主意，抢它好不容易抓到的食物，有时还会直接吃掉蜘蛛。

我长长的口器就像鸟儿的喙，不过我不会用它啄取食物，这个长度的口器只是方便我够到花朵中心的蜜源。

据说，在侏罗纪时期，蝎蛉家族的古老成员能凭借特殊化的口器吸食裸子植物的琼浆。

特立独行的伪装家族

我的家族成员各有各的"崇拜者"，蚊蝎蛉——顾名思义就是像蚊子的蝎蛉，我一直不明白它究竟是在模仿蝎子还是在模仿蚊子。

有个"亲戚"叫跳蚤

人类研究发现，跳蚤可能是我们的亲戚（有基因关系那种），相关研究成果发表在《古昆虫学》这本刊物上。

由于足的特化，蚊蝎蛉不能站立或行走，只能用足将自己挂在物体上。也因此被称为"挂蛉"。

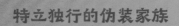

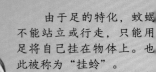

我要水……

蝎蛉

这要怎么长，才能长得这样大。

我们被比级了，它了蝎蛉同类！

名为"送礼"的爱情喜剧

雄性蝎蛉为雌性蝎蛉准备礼物是我们的传统习俗，我今年也要准备礼物了，前辈们给的建议是送食物或者自己吐出的、富有营养的唾液球，我想了又想，还是决定去抓只蜘蛛当礼物。

蚊蝎蛉的雄虫，会向雌虫提供唾腺分泌物作为彩礼。

你是我的亲戚吗？

不，我们完全不一样。

个伪装
乎有点
道……

我那生活在高寒地带的雪蝎蛉堂兄，因身体短胖、腹部肥大，凭着酷似蚕斯的外貌，一直在"昆虫剧场"扮演蚕斯，很多人都说它演得惟妙惟肖。

幼虫的故事

小时候的我们跟现在可不一样，没有模仿谁，就是一只普普通通的小虫子。其实也不是很普通，我们打小儿就拥有复眼，视力一级棒。

蚊蝎蛉幼虫还具有取食泥土，再通过肛门喷出涂抹体表的习性。

以预蛹期越冬。第二年5月中旬在蛹室内化蛹。

刚出生的幼虫先取食卵壳，随后分散觅食。幼虫经过4个龄期后停止取食，并在土中建造蛹室。

羽化行为通常发生于凌晨，即将羽化的蛹爬出蛹室来到地表后，蛹壳沿蜕裂线开裂，随后头壳、触角、胸足、翅以及腹部依次脱离蛹蜕。

刚羽化的成虫垂直悬挂于植物茎秆或直立于石块侧面等待身体骨化。

33

捉虫子的独门绝技

作为食物链顶端的选手，人类似乎没有捉不到的虫子，即使是生活在水中的虫子。然而，动物界也有高超的独门绝技。

人类这样捉虫

竹篾（miè）、沥水盆是人类常用的工具。

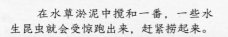

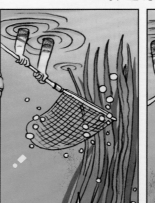

在水草淤泥中搅和一番，一些水生昆虫就会受惊跑出来，赶紧捞起来。

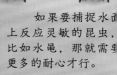

如果要捕捉水面上反应灵敏的昆虫，比如水龟，那就需要更多的耐心才行。

射水鱼爱吃苍蝇、蛾子等，还爱吃蜘蛛。

水柱射程可高达2米。

射水鱼可以从水下发射水柱，精准击中猎物。

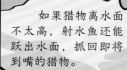

如果猎物离水面不太高，射水鱼还能跃出水面，抓回即将到嘴的猎物。

水面上有很多好吃的，看我施展一下绝技。

射水鱼如何击中目标

生活在水里的射水鱼，喜欢吃停在水面之上的枝叶间的小昆虫。这可怎么捕捉呢？它有一项特殊的本领，可以向空中喷射水柱，将猎物打落水中。只要猎物掉进水里，就成了它的盘中餐。

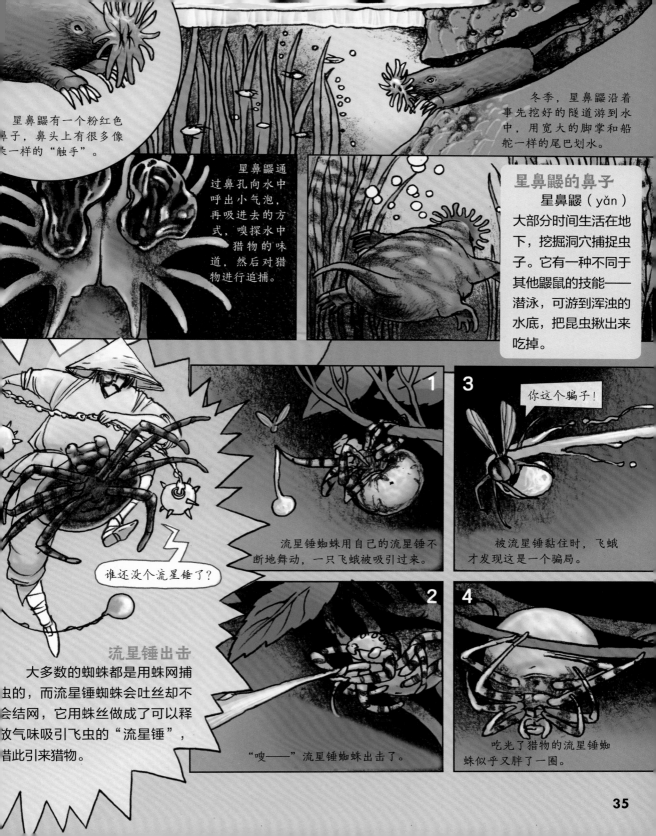

星鼻鼹有一个粉红色鼻子，鼻头上有很多像须一样的"触手"。

星鼻鼹通过鼻孔向水中呼出小气泡，再吸进去的方式，嗅探水中猎物的味道，然后对猎物进行追捕。

冬季，星鼻鼹沿着事先挖好的隧道游到水中，用宽大的脚掌和船舵一样的尾巴划水。

星鼻鼹的鼻子

星鼻鼹（yǎn）大部分时间生活在地下，挖掘洞穴捕捉虫子。它有一种不同于其他鼹鼠的技能——潜泳，可游到浑浊的水底，把昆虫揪出来吃掉。

谁还没个流星锤了？

流星锤出击

大多数的蜘蛛都是用蛛网捕虫的，而流星锤蜘蛛会吐丝却不会结网，它用蛛丝做成了可以释放气味吸引飞虫的"流星锤"，借此引来猎物。

1 流星锤蜘蛛用自己的流星锤不断地舞动，一只飞蛾被吸引过来。

2 "嗖——"流星锤蜘蛛出击了。

你这个骗子！

3 被流星锤黏住时，飞蛾才发现这是一个骗局。

4 吃光了猎物的流星锤蜘蛛似乎又胖了一圈。

好奇时刻

谁是猎手，谁是猎物

自然界是最大的狩猎场，各种猎手奇招百出。虽然强大的体魄、特殊的武器让猎手们占有优势，但有时也会发生意外。

看完下面这个故事你就知道我为什么要长成一朵花了。

螳螂捕食失败反成猎物。

从前，有只螳螂盯上了蝗虫。　然而，变色龙在不远处。

猎物太大吃不了呀！

体形差距让小变色龙无法享用这顿蝗虫美餐。

如果力量不足，也可以学行军蚁凭数量优势横行霸道。

作为父亲，要扛起养家糊口的重担！

雌

雄

树木茂盛时，雌性雀鹰体形较大，很容易被猎物发现，捕食成功率低。

雄

等到了秋天，没有了森林的掩护，雌性雀鹰的大体形成为优势。

在弱肉强食的自然界，谁是猎手、谁是猎物，真得凭本事呀！

绘者简介

［俄罗斯］德米特里·内波姆尼亚什奇

　　来自俄罗斯圣彼得堡的书籍插画师，擅长用水彩画和数字绘图创作儿童绘本、幼儿漫画和图书彩插。画风诙谐幽默，充满大胆的想象。每年与多国出版商合作出版大量书籍，获奖作品众多。

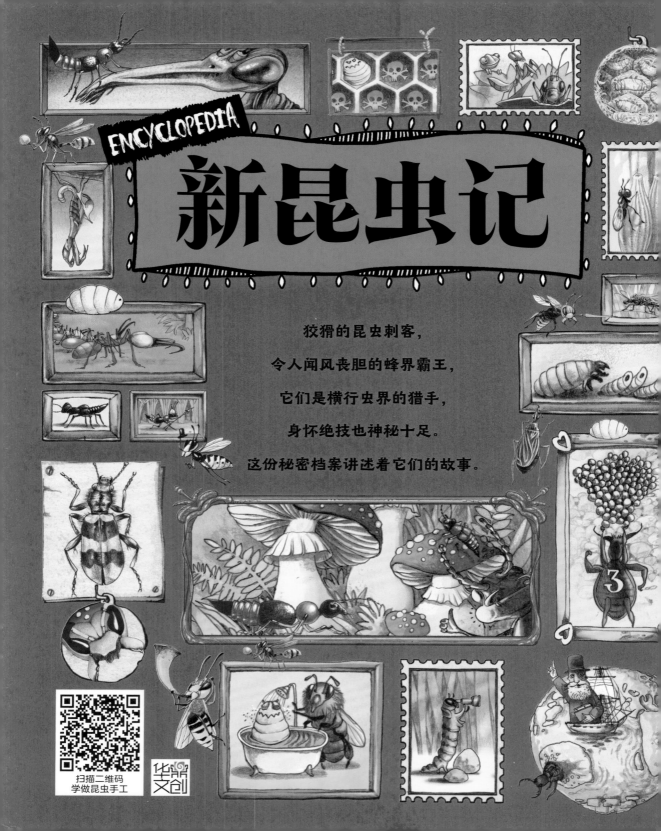

ENCYCLOPEDIA

新昆虫记

狡猾的昆虫刺客，

令人闻风丧胆的蜂界霸王，

它们是横行虫界的猎手，

身怀绝技也神秘十足。

这份秘密档案讲述着它们的故事。

扫描二维码
学做昆虫手工

华晟
文创

作者简介

常凌小

　　动物学博士，国家自然博物馆科研人员、博士后，中国昆虫学会会员。主要从事昆虫学研究和相关科普工作，已独立发现昆虫22新种。参与《浙江昆虫志》《秦岭昆虫志》《中国昆虫生态大图鉴》等多部专著的编写，《中国生物多样性红色名录：昆虫卷》的编写者和物种评估人之一。目前仍活跃在科研第一线，每年奔赴在深山老林中与虫为伴。

新昆虫记

黑夜里的追踪者

常凌小◎著　［俄罗斯］迪娜·列昂诺娃◎绘

NEW
RECORDS OF
INSECTS

北京联合出版公司
Beijing United Publishing Co.,Ltd.

图书在版编目 (CIP) 数据

黑夜里的追踪者 / 常凌小著；(俄罗斯) 迪娜·列昂诺娃绘 . —北京：北京联合出版公司，2023.4
（新昆虫记）
ISBN 978-7-5596-6622-2

Ⅰ.①黑… Ⅱ.①常… ②迪… Ⅲ.①昆虫 - 儿童读物 Ⅳ.① Q96-49

中国国家版本馆 CIP 数据核字 (2023) 第 025393 号

新昆虫记
黑夜里的追踪者

出 品 人：赵红仕
项目策划：冷寒风
作　　者：常凌小
绘　　者：[俄罗斯] 迪娜·列昂诺娃
责任编辑：李艳芬
项目统筹：李春蕾
特约编辑：李春蕾
美术统筹：吴金周
封面设计：周　正

北京联合出版公司出版
（北京市西城区德外大街83号楼9层　100088）
艺堂印刷（天津）有限公司印刷　新华书店经销
字数10千字　720×787毫米　1/12　3印张
2023年4月第1版　2023年4月第1次印刷
ISBN 978-7-5596-6622-2
定价：170.00元（全9册）

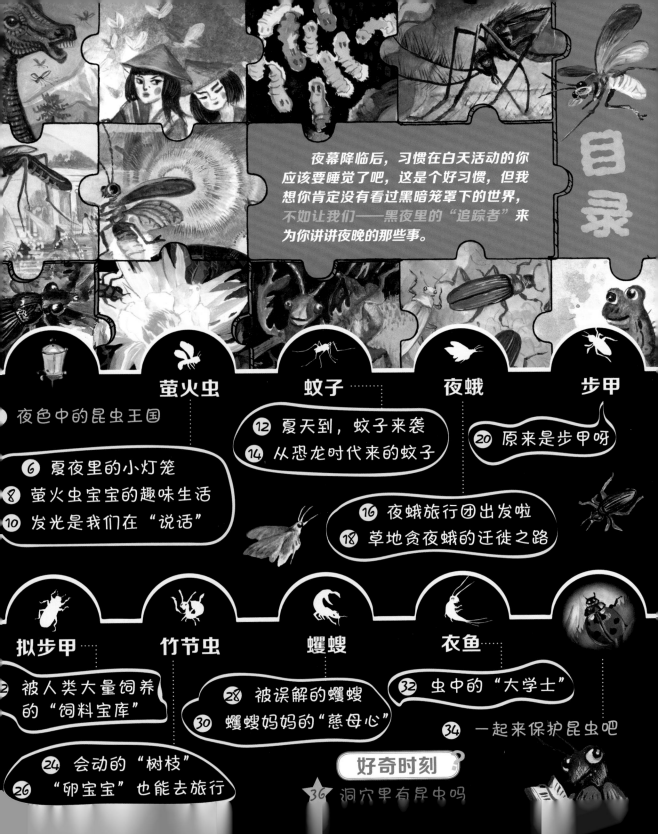

夜幕降临后，习惯在白天活动的你应该要睡觉了吧，这是个好习惯，但我想你肯定没有看过黑暗笼罩下的世界，不如让我们——黑夜里的"追踪者"来为你讲讲夜晚的那些事。

目录

夜色中的昆虫王国

天黑啦，"丛林乐园"里的小动物们该睡觉了。欸？树上有虫子，可是一眨眼就不见了。它们跑得可真快！究竟是哪些贪玩的小家伙还在丛林里捉迷藏？它们又是怎样在黑夜下看清周围的环境并迅速躲藏起来呢？

一部分昆虫喜欢在晚上活动，这种生存方式能帮它们有效地躲避天敌。这些昆虫被称为夜行性昆虫。

有的植物为躲避白天强烈的阳光而选择在晚上开花，它们会释放出香味吸引昆虫来授粉。这也为夜行性昆虫夜间活动提供了条件。

昙花

昆虫不只是依靠视觉观察环境，嗅觉和触觉也能帮助它们在夜间活动。

夜行性昆虫的嗅觉感受器大多在触角上，触觉感受器则多分布在足上。

夜行性昆虫依然有着趋光性，它们不是完全不需要光亮。

手电筒的光太耀眼，很容易吓坏这些小虫子。人类发明了一种不会发出强烈光线的灯——紫外线灯。使用这种灯能找到藏在树叶下或者石头缝里的昆虫。

紫外线灯发出的光具有穿透性，还能识别一些具有荧光反应的生物。

欢迎来到黑夜世界，我敢保证，看完这本书你会惊讶得睡不着觉。

5

夏夜里的小灯笼

夜间出来活动的昆虫不少，像我这样有名又闪亮的却不多。什么，你不知道我？我是萤火虫啊！

> 我们是完全变态发育的昆虫。

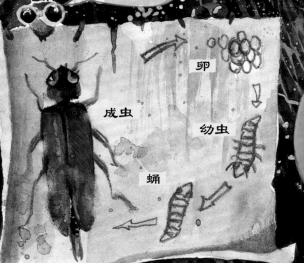

卵

成虫

幼虫

蛹

我们都是萤火虫

白天时我躲在树叶下睡大觉，等夜幕降临，我就会闪着亮光四处飞舞。你还别不信，这样招摇的行为居然能吓住敌人。

丛林里来了新住户——多光点萤，它看上去好像一只虫宝宝，不过它已经是成虫了。它身上的发光器可真多，1、2、3、4……数得我头晕眼花。作为萤火虫家族难得的会保护自己的卵的萤火虫，它们是非常尽责的母亲。

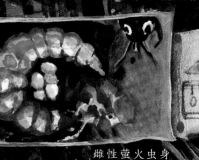

雌虫

雄虫

雌性萤火虫身上有三十多个发光器，它蜷缩起身体，将卵抱在怀里。这是护卵行为。

雌虫的体长能达到5厘米以上，幼虫能捕食马陆。

多光点萤先生就很低调，它并不会发光，但是它的复眼特别厉害，据说很微弱的光都难逃它的眼睛。

昆虫界的"游泳健将"

天气真热，要不要去游泳？我只能到池塘边洗洗脚，看着付氏萤宝宝在水里畅游。能在水里生活的萤火虫，可真不多见。

付氏萤不仅能停留在水面上，它还可以原地起飞。要知道，水上飞机起飞时都需要在水面上滑行一段路程才能飞起来，它却能直接飞起来。

这种会游泳的付氏萤是中国特有的种类，不过会游泳的是小时候的付氏萤，长大以后的它们不再潜水。

付氏萤妈妈小心翼翼地将卵藏到叶片的背面。当卵孵化后，幼虫就可以掉入水中，开始它们的童年生活。真羡慕它们生下来就会游泳。

付氏萤幼虫可以潜长达两个小时之久。

付氏萤幼虫还擅长潜水。

我潜水的姿势怎么样？

雌 雄

人类发现有的雌性萤火虫无翅不会飞，会飞的是雄性。

人类喜欢观察我们，据说他们根据我们发光的规律设计了一种电脑程序。

萤火虫宝宝的趣味生活

我在萤火虫幼儿园找了一份工作，上班第一天就让我惊讶不已。

水栖萤火虫幼虫是"霸道的独食者"

萤火虫幼儿园分了两个校区，我被派到了稻田分校。在这里上学的全是水栖萤火虫宝宝。它们强大的捕食能力比成虫也毫不逊色。

一只水栖萤火虫幼虫正用它尖而锋利的弯形上颚紧紧地咬住椎实螺，毒液通过上颚注入椎实螺体内，很快，幼虫就获得了这份美食。

另外一只幼虫想来蹭一顿免费的午餐，通常情况下它们会大打出手，我正愁该如何阻止它们时，它们居然共享了食物，真的出人意料。

个体大且强壮的幼虫甚至能将椎实螺拖出水面独自享用。

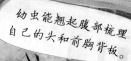

幼虫能翘起腹部梳理自己的头和前胸背板。

爱干净的幼虫

照顾幼虫并不麻烦，幼虫们大多爱干净，吃饱喝足后会自己给自己"洗澡""梳理"。

蜕皮长大啦

认真吃饭、运动的宝宝长得快一些，经过几次蜕皮，它们就会长大很多。有的宝宝蜕皮后我差点认不出它来。

有些种类的幼虫会上岸挖洞，一洞一虫，有虫来抢地盘时，会激起洞穴主人激烈的反抗。

胸窗萤的幼虫一开始是粉色，之后变成了黑色。

盖房子的小天才

宝宝们停止进食准备化蛹的日子到了，它们需要为自己建造一个安全舒适的家。

边褐端黑萤幼虫把家做成"土楼"式的建筑，并把自己封在其中。

一些萤火虫的幼虫选择在潮湿的泥巴中打洞，并将自己封闭起来，直到完成化蛹。

破蛹而出后，宝宝们就成年了。有的成虫会失去利嘴，仅靠喝水维持短暂的生命。时间紧迫，它们要尽快完成重要的繁衍使命。

萤火虫的蛹也发着幽幽的光芒。

9

萤火虫

发光是我们在"说话"

我喜欢玩捉迷藏游戏，可我还藏不住自己的光，不管是在陆地上、水面上还是在水里，我总是很容易就被发现啦。

为什么要发光

就像人类用声音传递消息一样，我们用发光器发出的闪光信号来防御敌人、求偶和捕食。

萤火虫更多是在求偶活动中通过发光来吸引异性。

爱情的密码

有人专门研究我们发出的光的颜色、亮度和闪光的持续性，他们得出的结论是：雌性用特有的闪光速度来回应自己的伴侣。

这幽幽的光芒有时又是致命的信号。许多捕食动物通过我们的光发现我们的存在。尤其是一些不会飞的雌性萤火虫，它们更得小心应对。

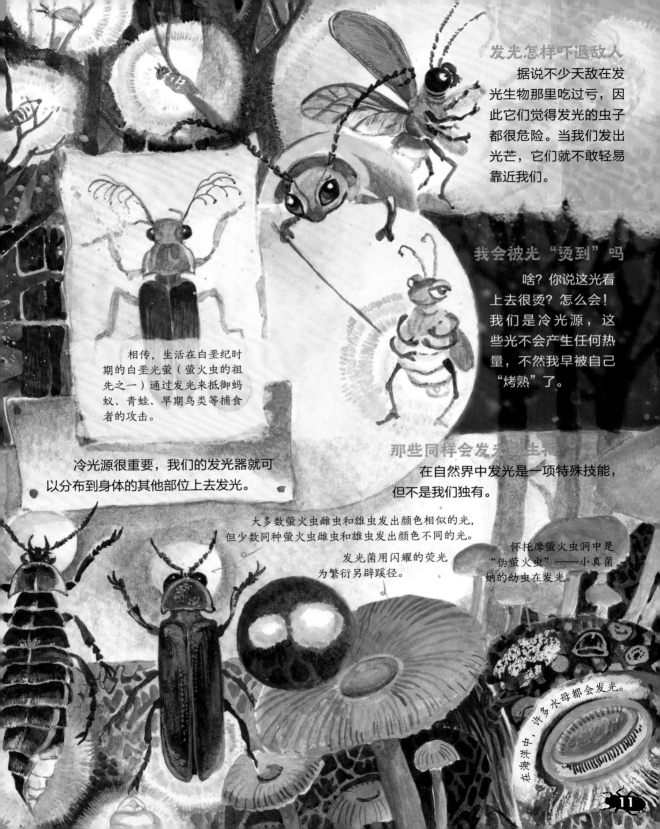

发光怎样吓退敌人

据说不少天敌在发光生物那里吃过亏，因此它们觉得发光的虫子都很危险。当我们发出光芒，它们就不敢轻易靠近我们。

我会被光"烫到"吗

啥？你说这光看上去很烫？怎么会！我们是冷光源，这些光不会产生任何热量，不然我早被自己"烤熟"了。

相传，生活在白垩纪时期的白垩光萤（萤火虫的祖先之一）通过发光来抵御蚂蚁、青蛙、早期鸟类等捕食者的攻击。

冷光源很重要，我们的发光器就可以分布到身体的其他部位上去发光。

那些同样会发光的生物

在自然界中发光是一项特殊技能，但不是我们独有。

大多数萤火虫雌虫和雄虫发出颜色相似的光，但少数同种萤火虫雌虫和雄虫发出颜色不同的光。

发光菌用闪耀的荧光为繁衍另辟蹊径。

怀托摩萤火虫洞中是"伪萤火虫"——小真菌蚋的幼虫在发光。

在海洋中，许多水母都会发光。

夏天到，蚊子来袭

最近雄性蚊子又在抗议。因为不吸血的它们也被人讨厌了。谁让我们都是臭名远扬的蚊子呢，而且，就算人类知道雄蚊子不吸血，他们也不会特意去分辨我们的性别。

世界知名的"吸血虫"

翅振动产生的嗡嗡声会让我大败而归，甚至丢掉性命。相比之下，吃花蜜的雄性蚊子整日过着"赏花采蜜"的日子，哪里像我们要冒生命危险，让它们受点儿委屈也没什么。

> 我又不是精密仪器，怎会知道人类的血型？

雄蚊子的主要食物是花蜜和植物汁液，而不是动物血液。

如何寻找目标

我通过触角寻找目标，主要是靠捕捉人类散发的汗味和呼吸产生的二氧化碳锁定目标。有人说我们钟爱吸食A型血的人，可我完全不懂人类那套血型分类。

雌性蚊子为了繁衍后代，需要补充足够的营养物质。它们不得不去吸食人类和其他动物的血液。

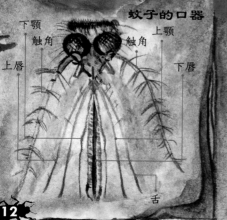

蚊子的口器

下颚　上颚
触角　　　触角
上唇　　　　　下唇

舌

> 我得磨磨蹭蹭好半天才能咬下去！

进餐有"秘诀"

为了叮咬猎物时不被发现，我们的嘴巴分成了很多层，上唇和下唇交替着刺入猎物的皮肤，就不易被发现。

雌蚊子将卵排入水中，孵化出的幼虫在水里过冬，虫卵也可以停止发育，等然过冬天再孵化。

为什么夏末秋初时，蚊子特别多

我们喜欢温暖的环境，秋天时温度变化很大，我们喜欢藏到人类的身边，并实施吸血计划，准备产卵过冬。

一部分蚊子则寻找一个温暖的地方藏起来过冬。也许你在墙缝、衣橱夹缝等地方发现过蚊子的身影。

蚊子的幼虫叫孑孓(jié jué)，生活在水里。

蚊子的蛹在温度适宜时，2~3天即可羽化为成虫。

甚至在海拔3000多米的地方都能见到蚊子的身影。

蚊子身上的绒毛能防水，雨水落到它们身上后，很快就会滑落下去。

乘风破浪的我们

有人说住到高楼里我们就飞不上去，别开玩笑了，我能飞到300米高的埃菲尔铁塔上看风景，一般的居民楼能有300米高？

唯一让我们头疼的是下雨。虽然为了应对下雨，我们苦练了一身的本领，但是真被雨水压到地面，我们就完了。

13

从恐龙时代来的蚊子

我的祖先见过恐龙，是真的恐龙，并不是博物馆里的化石。别不信，有化石作证！

蚊子以体形小、飞行敏捷，总能在恐龙身上找到弱点去叮咬，让恐龙无可奈何。

向恐龙发起进攻

我猜，恐龙靠硬甲或者羽毛保护身体根本不够，还是能被我的祖先轻易咬到。我更好奇的是，恐龙被咬了以后会不会长个痒痒的大包？它怎么给自己挠痒痒呢？

蚊子本身不产生毒素，但被蚊子叮咬后会形成红肿包，红包是人体自身免疫保护的产物。

伊蚊　　　按蚊

阿蚊

疾病的传播者

许多病毒被我们携带在身上，对我们没太大影响，但我们叮咬人类后，病毒就传给了人，人类可就遭殃了。

库蚊

蓝带蚊

据说，人类没有了厚密的体毛后，能很快发现并赶走叮咬皮肤的虫子。

有水且潮湿的地方很容易滋生蚊蝇。繁荣的罗马城中，因大量修建花园、喷泉，为蚊子繁殖提供了条件，使得疟疾横行。

人类登上历史舞台时就与我们展开了"搏斗"，他们拥有更高的文明、更先进的科技，让我们的日子越来越不好过了，但他们也不容易摆脱我们的威胁。

和人类的"大战"

人类不明白一些源自鸟类的疾病如何会传给人。后来，他们查到了我们头上，竟是我们将其他动物身上的病毒传给了人类。因此，人类特别讨厌我们。

> 我没有生病，人却受不了这种病毒，他们真弱。

相传，亚历山大大帝可能是感染了"西尼罗河热"而病逝，而这种病是由蚊子传播的。但是当时人们并不知道这个真相。

人类开始研究我们，并发现不少疾病是由我们传播的，于是他们想尽办法消灭我们。

使用危害性极大的杀虫剂对蚊虫进行灭杀。

清理城市和村庄中利于蚊虫繁衍的水沟、沼泽。

引入蚊子的天敌。比如食蚊鱼和狸藻，它们能吃掉蚊子的幼虫。

> 请不要随意消灭一种生物。

吸血并传播疾病的蚊子只是一小部分，人类可不能一股脑儿将我们都消灭掉。这太破坏生态环境了，以我们为食的动物会有灭绝的危险。

15

夜蛾旅行团出发啦

我的一生，少不了长途跋涉的旅行。你想跟我一起旅行？那你可得适应我们白天睡觉、夜晚飞行的方式。

"夜蛾旅行"在招募

夜蛾家族很庞大，长得也不太一样，想去旅行，请找我们草地贪夜蛾群。你可以在黄昏后去开花植物附近看看，通常能看到我们的身影。

难道你是夜行侠？

我是草地贪夜蛾旅行队的导游。

世界范围内，夜蛾科的种类约两万种。

小地老虎

甜菜夜蛾

成虫

幼虫

枯叶夜蛾

吸果夜蛾的口器端部尖锐，边缘具明显突起物，能刺穿果皮。

旅行途中吃什么

我们喜欢吃水果，管状的口器方便我们刺入水果的表皮吸食果汁。如果你要与我们同行，水果管够。

夜蛾刺吸对象有柑橘、桃、梨、苹果、香蕉、葡萄等，被刺吸后的果实常因组织受损、伤口感染等而腐烂、脱落。

月光近似平行光，夜蛾通过月光导航，能笔直飞行。

路灯是点光源，光线有角度，夜蛾受路灯干扰，一直在转圈而不是直行。

夜间行动会迷路吗

常年在夜间活动的我们有一套自己的"导航"系统。我们通过月亮作为"灯塔"，寻找到飞行路线。但是由于人类制造的灯光越来越多，我们有时会被骗得团团转。

夜蛾宝宝也能远行吗

通常情况下，我们决定留在某地定居后才会繁衍后代。宝宝不太适合非常远距离的旅行，除非它们还只是卵。

夜蛾喜食糖、蜜、发酵物等带甜味或酸味的食物，这种本能甚至胜过灯光对它们的吸引力。

当然，作为我们的后代，孩子们是非常勇敢并且强大的。它们有着顽强的生命力，不仅耐寒、耐饿，还能分解一些有毒物质。

幼虫体内的微生物能帮它分解掉食物中很多有毒成分。

多数幼虫具有假死性，当遇惊扰时常吐丝下垂，落地不动，身体蜷曲呈半环状，假死骗过敌人。

别扰骚了，我们即将出发。

17

草地贪夜蛾的迁徙之路

欢迎加入草地贪夜蛾旅行队，你很勇敢嘛，朋友！我们将从南向北行进，全程约2000公里。没有目的地，随时可以结束旅行，看看你可以坚持到最后吗？

天敌昆虫：蝽

实在是太能跑了，我们追不上呀！

我明年成年后也可以远行了。

我们比蝗虫"厉害"

我们夜蛾队伍的攻势从不输蝗虫大军，不过，蝗虫在干旱时才会出现，而我们只要去过一个地方，每年都会再去光顾。

兵分两路大迁徙

一部分成虫找到了合适定居的地方就会留在那里生活。另一部分则会继续迁徙。

不好！附近有蝙蝠，快到我这儿来，我干扰蝙蝠的回声定位，咱们躲开它。

虫卵很小，藏在水稻、玉米等农作物中不易被发现，它们就会随着农作物被运往其他地方。

穿过大海，登上"新大陆"

睡觉前，我给你讲个故事吧。我的叔叔的叔叔的叔叔还是颗虫卵的时候，曾跨越了大海去到遥远的东方，那边的环境好极了。

虫来了，启动防虫措施。

夜蛾类幼虫多数具有暴食习性，能在短时间内将农作物啃成光杆。

不久之后先祖叔叔和其他旅行家就在舒适的农田里孵化，开始了狂吃海喝的日子。在这一年的时间里，人类种完玉米种小麦，给它们提供了充足的食物。

草地贪夜蛾的幼虫不仅会啃食枝叶，也会啃食果实，甚至会钻入玉米中狂吃海喝。

后来，它们成群结队地扩张地盘时认识了蚕蛾一家。蚕宝宝特别挑食，就爱吃桑树叶，不像它们什么都喜欢吃。

什么都吃才能健康长大。

虽然我们都是蛾，但你一点儿也不挑食，是杂食动物。

故事的结局很好，它们在人类的农田里过了很长一段时间的舒适生活，人类却不是很高兴。
注意！前面的诱虫灯就是人类设的陷阱。

旅行结束了，祝你好运，朋友。

原来是步甲呀

相传有一类虫子因为太凶悍，其他虫子都得躲着它，于是有人给它起了个绰号叫"旁不肯"。我就是一只"旁不肯"，其实是步甲啦。

我喜欢独居生活，多一只虫虫都容易打架！

我的"日常生活"

我每天都在发愁一日三餐吃素还是吃肉，有的同伴就没这样的烦恼，它们会专注于只吃素或者只吃肉，但也少了杂食的快乐。

今天我一口气吃掉了8条毛毛虫，有点儿撑。因为我已经很多天没吃过东西了。

步甲耐饿。据说，成年的步甲能60天不吃东西。

食肉步甲的菜单

蛞蝓

蝗虫若虫

蝴蝶或蛾的幼虫

蜗牛

菜单

由于我是长期生活在黑暗中的步甲，我的视力退化很严重。不仅如此，由于不爱飞行，我的翅也在慢慢地退化，好在我的触角很敏锐，不影响捕猎。

别看我的个头不算大，我可是捕猎高手。有时候我也会抓一只林蛙换换口味。

步甲对酒精和醋等带有刺激性气味的液体十分讨厌。

均衡地摄入食物能让我获得健康。容易抓到的蚜虫、黄粉虫等就是不错的选择。喂！把醋拿开。我可受不了这味儿。

一名合格的猎手，无论是追击猎物还是逃命，都得擅长奔跑。

如果实在逃不了，我就把腿一缩，倒在地上装死，总能逃过一劫。

步甲科成员常栖息在土壤表层，栖息地环境会影响它们的生活。环境研究人员也常观察步甲分布的情况，判断该地环境的健康程度。

人类用灯光骗我们，然后抓捕我们。

如果你把我当成蟑螂，我会生气的！

既吃害虫也吃农作物

我们和人类的关系很复杂，好的一面是我们能帮人类消灭农田里的害虫，坏的一面是我们也吃果实、庄稼。如果人类在田边种上苜蓿、黑麦草等杂草给我们吃，我们也就尽量不去咬庄稼啦。

拟步甲

应该说，我是个童星。

有什么能比吃了睡、睡了吃更舒服的虫生呢？我是拟步甲，一个半吊子的明星。我没有步甲快速移动的本事，也不擅长飞行，但是虫各有志。

成虫

蛹

卵

幼虫

拟步甲是完全变态发育的昆虫。

正经的大名不好记，但是我的别称面包虫或黄粉虫，你也许听说过。

带着明星光环的幼虫

小时候的我们体内含有大量的生长所需的蛋白质。因此，人类饲养我们作为"宠物的粮食"。

除此之外，人类更喜欢我们强大的消化能力，能帮他们处理塑料等环境垃圾。

被人类大量饲养的"饲料宝库"

拟步甲能将吃下的塑料垃圾消化、分解，为解决垃圾污染做贡献。

在栽培土中加入一定量的拟步甲粪便能够有效促进花卉的生长。

拟步甲不挑剔生存环境，生命力很强。有研究发现，在幼虫的食物中增加南瓜、甜瓜、白菜、胡萝卜等果蔬能为它们补充营养。

危险的蛹期

我们的蛹外壳又薄又脆，一旦破了，哪怕只是一个小缺口，都可能夺走我们的生命。可我们就是那么懒，化蛹时也不知道找个安全的地方躲一躲。

长着长着就黑了

如果你看到粉色、红色、棕色的拟步甲，不要太惊讶，那些是刚出生不久的新虫，还没换上"黑夹克"。

拟步甲成虫的体色会经历三个阶段的变色：刚破蛹的成虫是米黄色，带有一点红色；一段时间后变成红色，又过一段时间后才会变成黑色或黑褐色。

我们一开始是在人类建造的面粉厂与粮仓中生活，偷吃些粮食。

可是后来他们发现了我们在幼虫期有大用处，就开始大量饲养我们。

竹节虫

一些巨型竹节虫可达40厘米长，有坚硬的外骨骼，像一个"钢铁战士"。

会动的"树枝"

今天的采访对象是竹节虫，到了夜里，它们终于出来活动了。那几只竹节虫正在大吃特吃树叶。

——来自麻雀记者的报道

滇叶䗛(xiū)外形酷似树叶，是一种珍稀的竹节虫，现只能在少部分地方看到。

超级伪装大师

"超级伪装大师"你好，我想采访你。为了融入环境，你们除了伪装成树枝、树叶，听说有的很像龙虾，这是真的吗？

你是说巨棘竹节虫吧，它的确像龙虾。

也有人叫它们"树龙虾"。

竹节虫会集中取食一片树叶，直到吃干净为止，这有利于减少活动，从而更好地隐藏自己存在的痕迹。

它们会"隐身"

本记者报道：竹节虫还有伪装之外的特殊技能。一不留神我就看不到它们藏在哪儿了。

竹节虫会模仿树枝被风吹动，并根据风的大小调整摇摆幅度。

它还会把粪便踢出一定距离外，捕食者就不容易追踪到它的痕迹。

危险来临怎么应对

根据我的观察，竹节虫感受到危险逼近时，会自动从树上掉下来，收拢六肢，装死。

有些竹节虫躲避天敌时，会放出化学液体进行防御。

液体散于周围空气中或者喷向捕食者的眼睛，以趋避捕食者。

低龄的竹节虫若虫被天敌抓到后，能断足保命。过一阵还会长出新的足。

竹节虫的天敌

一些鼠类也爱吃竹节虫。

乌鸦、卷尾鸟等鸟类会捕食竹节虫。

青蜂会将卵产在竹节虫幼虫身上，具有寄生性。

本记者还了解到，无论是动物还是人类，都很"关注"竹节虫。动物是为了吃，人类是为了科学研究。

人类在研究我们的结构特点，制作精密仪器。

但是人类也在担心我们损害树木，要防治我们。

感谢您的关注，本记者会继续追踪报道竹节虫的生活情况。

竹节虫

"卵宝宝"也能去旅行

麻雀记者观察记第二期：随性而活的竹节虫。

让我们从竹节虫产卵讲起。看完你会发现它们的生活真有趣儿。

雌性竹节虫不用雄性参与也能生儿育女，这种生殖方式叫孤雌生殖。

一般情况下竹节虫的卵要经过一段时间才能孵化。

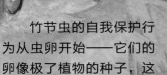

竹节虫的自我保护行为从虫卵开始——它们的卵像极了植物的种子，这是很有效的伪装。

竹节虫卵大多排列混乱，但卵盖所在的一端朝向是大致相同的。

有些卵甚至会吸引蚂蚁将它们搬回蚁穴，温暖又安全的蚁穴的确是不错的环境。

卵的奇妙旅行

有消息称，竹节虫会把卵直接从树上扔下来，像播撒种子一样。当时我就站在这棵树下，还以为下雨了。

有的则像蝗虫一样，把卵埋进土里，避免天敌取食。

竹节虫卵被鸟吃掉后，被带到远方。由于卵壳很难消化，会被鸟完整排泄出来，实现传播。

听说竹节虫喜欢在叶子上产卵。

不对，它们会把卵藏起来。

骗谁呢，它把卵直接扔地上，国BBC报道的

竹节虫变化之路

本记者深入了解了竹节虫的历史，发现不同地方的竹节虫为适应环境，发生了不小的变异。仅在一座小岛上就居住着不同种类的竹节虫。

生活在封闭环境中的竹节虫能逐渐演化出外貌差异很大的亚种，以适应新环境。

这种变化当然不是短期内就能完成的。

美国生物学家发现，有些竹节虫在过去 5000 万年里，先失去了翅，然后又长出翅。

特殊环境下的竹节虫

荒漠竹节虫受到惊吓后会躲到植被深处，并将腹部向上翘起，看上去像蝎子一样。

我猜，它只是觉得这个动作很能吓唬人，应该不是有意模仿蝎子。

豪勋爵岛竹节虫是澳大利亚特有的一种大型竹节虫，于1930年被宣告灭绝，直到2001年被重新发现。此虫也因此被称为"世上最罕有的昆虫"。我蹲守了半个月，终于拍到了它。

豪勋爵岛竹节虫的若虫是绿色的，且喜欢白天活动。长大后颜色变成红褐色，喜欢在夜间活动。

关于竹节虫的报道就此结束，感谢您的收看。

蠼螋

被误解的蠼螋

我们是昼伏夜出的蠼螋（qú sōu），因为一些误会，有人说我们是坏蛋。都说谣言止于智者，我要为自己正名！

蠼螋对环境的适应力很强，从平原到高山，都有它们的身影。

蠼螋的翅能折叠成原本大小的 1/15 左右，其特殊的折叠方式在航空航天上有所应用。

藏起来的翅

我们大多拥有翅，你看不到是因为我们将翅折得小小的藏了起来，只在偶尔飞行时用。

尾铗的用途

雄　雌

我们的标志是大尾铗，通过尾铗还能区分雄性和雌性。我们的尾铗还有什么用呢？别瞎猜，认真听我说。

①用于清洁身体或折叠翅。

②用于捕食小型昆虫。

③用于防卫。遇到危险时竖起尾铗。

④用于求偶。雌性会与尾铗最大的雄性交尾，尾铗起抱握作用。

你怎么没有尾铗？

我是隐翅虫，不是蠼螋。我们这么像吗？

在"求婚"过程中，雄性蠼螋会不断地用尾铗敲打雌性蠼螋的触角、头部或其他部位。

28

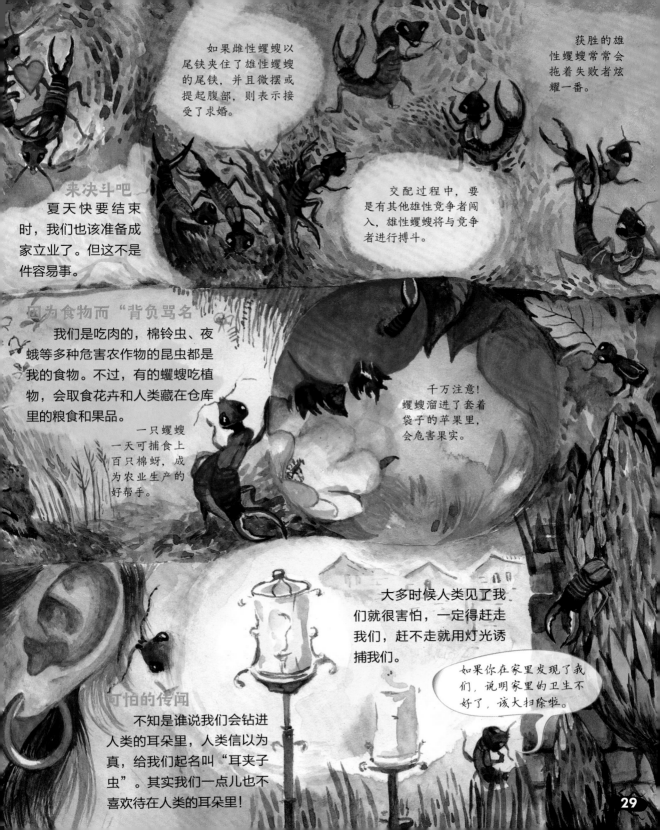

如果雌性蠼螋以尾铗夹住了雄性蠼螋的尾铗，并且微摆或提起腹部，则表示接受了求婚。

获胜的雄性蠼螋常常会拖着失败者炫耀一番。

交配过程中，要是有其他雄性竞争者闯入，雄性蠼螋将与竞争者进行搏斗。

来决斗吧

夏天快要结束时，我们也该准备成家立业了。但这不是件容易事。

因为食物而"背负骂名"

我们是吃肉的，棉铃虫、夜蛾等多种危害农作物的昆虫都是我的食物。不过，有的蠼螋吃植物，会取食花卉和人类藏在仓库里的粮食和果品。

一只蠼螋一天可捕食上百只棉蚜，成为农业生产的好帮手。

千万注意！蠼螋溜进了套着袋子的苹果里，会危害果实。

大多时候人类见了我们就很害怕，一定得赶走我们，赶不走就用灯光诱捕我们。

如果你在家里发现了我们，说明家里的卫生不好了，该大扫除啦。

可怕的传闻

不知是谁说我们会钻进人类的耳朵里，人类信以为真，给我们起名叫"耳夹子虫"。其实我们一点儿也不喜欢待在人类的耳朵里！

29

蠼螋妈妈的"慈母心"

我的姐姐和姐夫搬进了新家，它们就住在堆满树叶的公园里。没多久，姐夫离开了，就剩下姐姐一虫肩负起养育儿女的重担。

蠼螋喜欢把巢建在枯枝烂叶下或地洞尽头、巢穴洞壁上，并用粪便粘在起抑菌效果。

产卵、孵卵时，不能外出觅食，因此很长一段时间姐姐不能吃饭。

如果在春天孵化，孵化时间大约需要持续20天，如果是在冬天孵化，孵化时间甚至要70多天。

产卵和孵卵都是大事

用不了多久，姐姐就会产下几十枚卵，它会把卵摆得整整齐齐，像母鸡孵小鸡时一样伏卧在卵上。我们几乎都这样照顾后代。

要是在石块下筑巢，雌蠼螋还会根据温度的变化，将卵块摆放在温度较高的石块上。

孵卵期的姐姐脾气可不好，要是有人靠近它的孩子，它会发起攻击。即使是我，也只能远远地看上一眼，不敢靠太近。

卵块还得不时地翻动和清理，去除卵块上的真菌、尘土和寄生虫。

照顾孩子不能大意

灰色半透明的小家伙就是刚出生的宝宝，它们很脆弱，还需要妈妈的守护和照顾。

蠷螋妈妈会给孩子们喂食。如果孩子跑出巢穴了，它会将孩子找回来。

蠷螋似乎能容忍潮虫在巢穴里溜达。

相亲相爱的一

一些昆虫学家认为我们拥有的"母性"还比较原始，和蜜蜂相比还是有差距。但是爱孩子的心，每个妈妈都一样。

一些宝宝因为找不到回家的路，而误入别的蠷螋家庭，这个家庭的"女主人"不仅不驱逐它，反而把它当作自己的子女来照顾。我就多出了几个小宝宝，应该都是我的孩子。

孵化的生死时速

带孩子真的不容易，刚孵化的宝宝已经拥有了"攻击力"，有的宝宝会因为饥饿，吃掉还没孵化的卵，有的宝宝一言不合便互相攻击。

当然，在食物充足的情况下，它们不一定会打架，甚至还会分享食物。

31

虫中的"大学士"

我小小地咬一口这本《韩愈文集》，假装自己是满腹诗书的文人墨客。只是不知这本书多久没晒过太阳了，那味儿就像受潮的木头散发出的浓浓霉味。

> 我是书虫，我爱吃书。

小时候的我和现在的我，外貌几乎没有变化。

我好像不是昆虫

我的名字叫衣鱼，但是和鱼没有什么关系。就外貌而言，我和昆虫似乎也有着很大的区别。

别看我的身长不到1厘米，事实上我已经成年了，不是小虫子了！

身长0.2～2厘米

衣鱼的腹部长着两根缨状尾须和一根尾丝，有人推测左右尾须可当触角，中间那根尾丝能探测微弱的气流。

如果用手去抓衣鱼，手指上会留下类似蝴蝶鳞粉的东西。这些粉状物很滑，可以帮它们从捕猎者手中挣脱出来。

其实，没有翅的我与其他昆虫不太像，不过，我作为非常古老的虫子，与有翅昆虫有着共同的祖先，因此被列入了昆虫家族。没办法，我就是这么特别。

> 起风了，我的尾丝告诉我的。

耐饿的"书虫"

我最为人们所知的食物是书，也因吃书而出名，被人们称为"书虫"。如果你的书页有很多小缺口，也许是我的同伴住在那里。

又到了吃饭时间，我上次吃饭好像是很久以前的事，耐饿就是好，不然你的书可不够我吃。

诗人白居易有诗云："今日开筐(qiè)看，蠹(dù)鱼损文字。"

书籍、照片、糖、棉花甚至连皮革制品以及人造纤维都是我们的食物。

有些人类买书不看书，不如给我吃吧。

爸爸买回的河虾里真的有只石蛃。看，跟书上画的一样！

森林里的"小虾米"

我有个"亲戚"叫石蛃(bǐng)。它们大多生活在石缝、森林的枯枝落叶堆等阴暗潮湿的地方。

虽然石蛃和河虾生活的环境不同，但它们长得很像，不仔细区分的话，很容易混淆。

别抓我，我不是河虾，也不好吃！

石蛃不仅长得像河虾，而且能跳动，因此有人戏称它为森林里的"小虾米"。

33

一起来保护昆虫吧

**数量庞大的昆虫也有灭绝的风险。
你听到了吗？有些虫子正发出微弱的求救声——**

> 人类带来的老鼠真可怕，我们成了它们的美餐。

据说，老鼠随着人类的船只来到了新的岛屿，成为入侵物种，开始在新土地上大肆捕食竹节虫。

人类放飞了不少欧洲熊蜂，想让它们帮助当地的植物授粉。然而，这些熊蜂身上携带的寄生虫也扩散到了本土熊蜂的身上，使本土熊蜂饱受寄生虫的折磨。

欧洲熊蜂

本土熊蜂

> 人类说我们是入侵物种。

人类开荒拓土，滥砍滥伐，毁坏森林。

城市越建越大，污染日益加剧。

工厂排放污水污染河流，严重破坏了环境。

34

总是无差别地喷虫剂，将一些益一起消灭了。

农田里不仅有农作物，还生活着各种各样的虫子。为了对付蚜虫、夜蛾幼虫等危害农作物的昆虫，人们开始喷洒杀虫剂。但是生活在田野里的瓢虫、草蛉等天敌昆虫也跟着遭殃。

人类搬走了我们的家，让我们无处藏身。

圣赫勒拿岛上的蠼螋依赖石头藏身，躲避危险，但是人类把大量的石头搬走后，破坏了它们的栖息地，这也成了它们灭绝的重要原因。

后来——

人类意识到保护环境和生物多样也是在保护人类自己。

建造生态林，保护森林环境的多样性。

设立动植物保护区，维护生态环境的稳定。

好奇时刻

洞穴里有昆虫吗

洞穴步甲几乎完全适应了黑暗的生活，它们的身体特征也发生了变化。

体色一般是浅黄色或浅褐色。眼睛几乎退化。

喀斯特洞穴是一个特殊而封闭的生态环境，这里没有阳光，湿度较大且温度恒定。洞穴形成了一种特殊的地下生态。

蝙蝠

完全的夜行性动物。

洞穴步甲

为了在洞穴中快速爬行，洞穴步甲的四肢也变得更修长。

千足虫

长期生活在洞穴中，身体几乎变成纯白色了。

洞螈

终生生活在暗洞或阴河内，因而视力不太好。

没有光的世界是怎么样的呢？我们跟着洞穴步甲一起来看看吧。

36

ENCYCLOPEDIA

新昆虫记

摇滚巨星的诞生

常凌小◎著　　［乌克兰］埃琳娜·哲勒兹尼亚克◎绘

NEW
RECORDS OF
INSECTS

北京联合出版公司
Beijing United Publishing Co.,Ltd.

图书在版编目 (CIP) 数据

摇滚巨星的诞生 / 常凌小著；(乌克兰) 埃琳娜 · 哲勒兹
尼亚克绘 . — 北京：北京联合出版公司 , 2023.4
（新昆虫记）
ISBN 978-7-5596-6622-2

Ⅰ . ①摇… Ⅱ . ①常… ②埃… Ⅲ . ①昆虫 – 儿童读
物 Ⅳ . ① Q96-49

中国国家版本馆 CIP 数据核字 (2023) 第 025399 号

新昆虫记
摇滚巨星的诞生

出 品 人：赵红仕
项目策划：冷寒风
作　者：常凌小
绘　者：[乌克兰]埃琳娜·哲勒兹尼亚克
责任编辑：李艳芬
项目统筹：李春蕾
特约编辑：李欣雅　霍丽娟
美术统筹：纪彤彤
封面设计：何　琳

北京联合出版公司出版
（北京市西城区德外大街83号楼9层　100088）
艺堂印刷（天津）有限公司　新华书店经销
字数10千字　720×787毫米　1/12　3印张
2023年4月第1版　2023年4月第1次印刷
ISBN 978-7-5596-6622-2
定价：170.00元（全9册）

目录

第一届虫啊虫摇滚大赛正在如火如荼地进行着……

摇滚巨星究竟花落谁家？
让我们拭目以待……

当然是蝉比较厉害！

谁说的，蟋蟀才是冠军！

还在磨蹭什么？总决赛就要开始了，再不去可就抢不到好位置了！

夏日枝头的歌唱家

安静！

炎炎夏日，无论走到哪里，似乎总能听到一阵阵嘹亮的歌声。如果你碰巧懂些昆虫语，就会发现，这是我在重复唱着："选我！选我！"

恼人的头等大事

并不是所有的蝉都会"唱歌"，能像这样让声音响彻整个夏天的只有我这样的雄蝉。为了吸引隔壁树上的雌蝉小红，我努力地摩擦着发声器，生怕被别的雄蝉抢了风头。

听不惯吗？那也得忍着，我的世界里可没有扰民这个说法。只要天气够热，我就会"知了""知了"地唱个没完。渐渐地，知了就成了我的别名。

亲爱的"哑巴新娘"

我一生中最遗憾的事，大概就是没办法和我心爱的小红合唱一曲，因为雌蝉是没有发声结构的。不过好在它腹部有一对好"耳朵"，可以听到我为它专门创作的歌曲。

好的，听到了，下一位！

雄蝉发声需要依靠腹部盖板和鼓膜的摩擦振动。

蟪蛄也是一种常见的鸣蝉，它看起来就像是黑蚱蝉的缩小版。

黑蚱蝉 **蟪蛄**

成虫 成虫

若虫 若虫

知了

知了 知了

蝉若虫不会鸣叫，只有蜕皮羽化长成成虫后才拥有"歌唱"的能力。

蝉世界"吸引法则"

我是黑蚱蝉，就是人类常说的那种体形大、叫声难听的鸣蝉，但这只是他们肤浅的想法。我的叫声难不难听，只有我的"心上蝉"才有资格评判。

蝉不都是通体漆黑，还有绿草蝉、黄点斑蝉、黑丽宝岛蝉这些颜色艳丽的种类。

黑丽宝岛蝉

绿草蝉

黄点斑蝉

一直唱歌不渴吗

当然不。因为像我这样独特的歌唱家，唱歌用的可不是嗓子，而是腹部。如果你碰巧看到我正在用坚硬的口器刺穿树皮、吸食里面的树液，那也不一定是为了解渴，因为树液就是我的主食。

状况一
树液不合胃口

状况二
尿液刚好用完

状况三 瞄准技术不够高超

羞羞的武器

等到吸食的树液在体内转化成尿液后，我就有了防身的武器。螳螂咬我，我喷！肥鸟啄我，我喷！松鼠啃我，我还喷！不过也可能会有意外发生……

数学是必修课

除了会唱歌外，我的数学其实也不赖。我和我的朋友们大部分都以3、5、7、11、13这种只能被1和它本身整除的质数为穴居周期进行集体羽化，因为这样可以让我们尽量避开可怕的天敌和捕食者。

一三得三、

二三得六、

三三得……

糟糕足不够用了！

周期蝉烹饪指南
3元一份

这种长着红眼睛的昆虫就是美国东部的周期蝉，每隔17年，它们就会出现，占领大街小巷，不过现在它们的日子也不太好过。

倒数计时的一生

蝉喜欢把卵产在干枯又向上翘起的细枝上。

很多虫子会在蝉卵中产下自己的卵，比如说这种叫蚋（ruì）的小虫。因此能存活下来的蝉若虫非常少。

神秘的白色小球

我的生命是从一颗小小的卵开始的。妈妈会在树枝上找到最合适的位置把我们产下。虽然它一次能产很多卵，可并不是每个兄弟姐妹都能像我这样幸运地长大，因为总会有些讨厌的家伙想要不劳而获。

别让我知道是谁把我推下来的。

好好珍惜我的歌声吧，因为你听不了太久了。雄蝉们一旦成功用歌声吸引了雌蝉完成交尾，就会携手雌蝉一起走向生命尽头。不过别伤心，明年夏天还会有新的蝉来接替我继续歌唱。

——摘自雄蝉阿强的日记

乘风不破浪

过了一段时间，我成了若虫。这时的我就像是一颗米粒，渺小脆弱，却有着一颗爱冒险的心。等风吹来的时候，我和兄弟姐妹们便借着它的帮助一跃而下，然后钻进地底。

在变成成虫之前，若虫一直居住在黑暗的土壤中，吸食树根的汁液，慢慢长大。

倒计

若虫在地下大概要完成四次蜕皮。

把自己埋进土里

到了这一阶段，我才算是有了自己的家。不出意外的话，我生命中的大部分时间都会在这里孤独地度过。

一片漆黑

孤身一虫

生命的循环

如你所见，现在的我已经是一只能飞能唱又能吃的成虫了，我知道这也许意味着我的生命即将进入尾声。但这又怎样，新的生命代代流传，至少这个夏天我存在过。

喂！今晚又有不少人类睡不着吧！

蝉刚刚脱壳时身体是青绿色的，变为成虫后，就成了黑色。

重获新生

钻出地底后，我爬上了附近的树枝，大口呼吸着久违的新鲜空气。这时最后一次蜕皮开始了。趁后背裂出一条缝，我努力让青白色的脑袋先从这里钻出来，等皮蜕到腹部，趁机向后一仰，再一鼓作气拽出"屁股"。现在我要做的就是静静等待，等待我稚嫩的双翅变得挺拔起来。

这些都是若虫钻出来后留在地面上的小洞。

我可不太想懂。

我不仅懂逻辑，还懂美食。

古希腊哲学家亚里士多德认为蝉在羽化前尤其美味。

亚里士多德

没有家人

不敢休息的"双手"

在地下生活的日子里，我可不是天天睡大觉。除了蜕皮外，我还会用像小耙子一样带有锯齿的前足奋力向前挖掘，直到有一天，我终于为自己挖出一条新生之路。

太受欢迎怎么办

有些蝉会顺利地度过成长的各个阶段，而有些蝉就没那么走运了，比如我。有时候，太受欢迎也是一件烦心事。

这还要从**那天我被一根竹竿粘住**说起……

1 竹竿粘蝉

2 捕虫网捕蝉

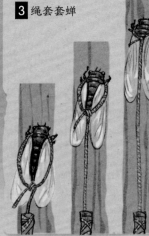

3 绳套套蝉

啊！这花！ 啊！这草！

啊！我怎么"飞"起来了！

刚从洞中爬出来的蝉若虫

身上还带有泥土。

第一次"飞翔"

如你所见，在逃离地下生活还不足一分钟后，我就又被困住了。一股神秘力量带着我腾空而起，然后把我丢进了一个有很多蝉的小房间。旁边的兄弟边用足踩着我的脸，边告诉我：我们这是被人类捉住了。好的，我现在知道了，但好像有点晚了。

给若虫我一个像树枝那样适合抓牢的东西，它们就能自己完成蜕皮。

整个脱壳的过程一般需要1~2小时。

穿不了多久的新衣服

被抓回来的这段时间里，我每天吃了睡、睡了吃，享受着人类的服务。这天，我突然感觉身体有些不太对劲。唉，做蝉真麻烦，这衣服还没穿多久，就又要换掉了。

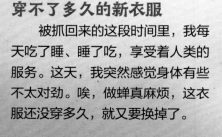

同蝉不同命

一使劲，我终于从旧衣服里冲了出来。这会儿我才发现有好几双圆溜溜的眼睛盯着我不知道多久了。真奇怪，换衣服也很稀奇吗？好在人们把我的外衣取走后，就把我放回了原来的地方。

我无法和你解释当时的情况，因为我只是一盘蛋白质。

油炸蝉若虫

我终于自由了，但有些小伙伴似乎就不那么好运了，据说它们已经经过煎烤烹炸各种做法变成了人们盘中的美食。

蝉羽化后的外皮叫作蝉蜕。蝉蜕可以用作中药。

可怕的强盗花

除了人类，虫草菌也在我们的黑名单里。这种菌会侵袭蝉若虫的身体，偷偷地吸收它们的养分，最终从土壤长出变成蝉花。而可怜的若虫宝宝却会变成它根部的一具空壳。

长鼻蜡蝉

角蝉

斑衣蜡蝉

诗词里的身影

在中国，我们还常常出现在成语和诗词里。成语"噤若寒蝉"表示因为害怕而不敢发声。柳永的《雨霖铃》中，也用"寒蝉凄切"渲染了忧伤的气氛。既然这么喜欢我们，那可不可以把我们留在大自然中，毕竟这短暂的一刻，是我们用很多年换来的。

有一些昆虫虽然名字里也带有蝉字，却跟这些会鸣叫的蝉不是一类。比如左边那些奇形怪状的家伙。

快到"碗"里来

首先，昆虫学家会使用各种工具和各种方法，努力把昆虫完完整整地带回博物馆。

昆虫也有属于它们的博物馆，那里展出的大部分都是用真虫制成的标本。今天，就让我们一起去看一看，昆虫们是怎么来到博物馆的吧！

诱盘

在访花昆虫们喜欢的黄色塑料盘里放一些肥皂水，吸引它们。

难度 ★

兜捕目标昆虫后翻封网口，取虫入袋。

难度 ★

捕虫网

高网

用高网捕捉那些生活在树木高处的昆虫。

难度 ★★

振布

先在树下铺上白布，之后通过摇动或敲打树枝树叶，将昆虫震落到白布上收集起来。

难度 ★★

吸虫器

用吸虫器采集那些微小的或者生活在隐蔽场所的昆虫。

难度 ★★★

离心管　塑封袋

镊子

整姿台　昆虫针

动作温柔些

从离心管或塑封袋中取出带回的昆虫，就可以开始制作标本了。制作方法一般分为插针法和展翅法。

我盯了三天的那只蝈蝈就这么被你们带走了？

插针法

甲虫类一般采用插针法制作标本。通常用一根针穿过虫体，再放在整姿台上用昆虫针固定，以保持自然姿态。

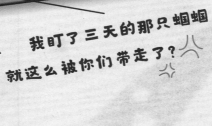

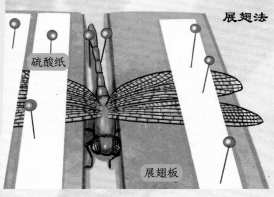

硫酸纸

展翅板

展翅法 对于鳞翅目、蜻蜓目等有翅昆虫来说，制作标本会用到展翅板和硫酸纸。比如蝴蝶，用昆虫针将其固定在展翅板上，用镊子分开双翅，然后用硫酸纸分别压住两侧的翅，之后进行整姿。

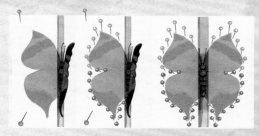

将上翅与身体保持垂直，尽量保证后翅暴露面，使蝴蝶整体能够呈现最优美的状态。

签个名吧

插针整姿后先把昆虫放入烘箱烘干或自然晾干，取下后再放置标签就可以放进标本盒保存。

三级台一般由木板制成，呈阶梯状，每层木板中间设有小孔，可以帮助昆虫标本和标签统一高度，使标本盒里的昆虫们看起来更加整齐。

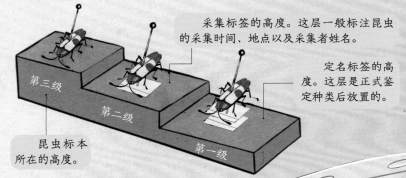

采集标签的高度。这层一般标注昆虫的采集时间、地点以及采集者姓名。

定名标签的高度。这层是正式鉴定种类后放置的。

第三级

第二级

第一级

昆虫标本所在的高度。

欢迎来到昆虫博物馆
接下来我们将看到的是……

昆虫小课堂开课啦

除了用图文形式介绍有关昆虫的百科知识外，博物馆里还经常会安排了解昆虫的老师带着小朋友一起捉虫子、讲虫子，那会让小朋友们记忆更加深刻。

11

欢迎光临草丛音乐会

蟋蟀

"蟋蟀一叫秋天到"，人们总认为我们会在立秋前后才开始活跃，但其实我们在夏天的叫声也毫不逊色。相信无论何时，善于倾听的你一定可以接收到来自草丛露天音乐会的邀请函。

大颚发达，善于咬斗。

足有刺，具有攻击性。

咔嚓！准备拍照

快看，这就是我的"定妆照"。头圆溜溜的，上面长着能够灵活摆动的细长触角。眼睛炯炯有神，一看就很聪明。对了，我还有肥壮的后足和两对翅。不过惭愧的是，我既跳不远，也不太擅长飞行。

你好，我是这里排名第二的吉他手，只不过现在还没人敢称第一！

音锉

刮器

蟋蟀的秘密武器

嘘！演出开始了。前面那个最帅气的雄蟋蟀就是我的哥哥，它只要将两个前翅抬起、轻轻振动，就能发出美妙的声音。

天冷偷个懒

偷偷告诉你一个秘密，天气越冷，雄蟋蟀们演奏的频率就会越慢。所以如果你想听到最精彩的演出，最好夏天的时候来。

雄蟋蟀右前翅的一条棱线上排布着许多细密的锯齿，那是音锉。左前翅有一个枣核形的小硬片，那是刮器。当翅膀45°竖起，刮器摩擦音锉时，就能发出声音。

听众都散了，歇会儿吧！

21° 120 每分钟

15° 80 每分钟

10° 40 每分钟

热恋时

吵架时

唧哩　唧哩　唧哩

咕噜咕噜哩

咕噜　咕噜

独自一虫时

不可小看的节奏大师

可别小看这些音乐，这是专属的"蟋蟀语"。如果弄错了节奏和音调，那可要出大问题！

豪华单人"水帘洞"

我可不像其他低级的小虫子，走到哪儿睡到哪儿。我有固定的房间，如果能在朝阳的斜坡上就最好不过了，这样在下雨时我就能在洞穴里赏雨。

听器

人们常说兔子不吃窝边草，没想到蟋蟀也一样。这并不是因为窝边草味道不好，而是因为窝边草可以帮助隐藏洞口。

小姐您好，请问您为什么不上台表演？

我也想呀……

雌蟋蟀没有发声构造，但它们前足的听器可以帮助它们成为专业的听众。

罐中大乱斗

我们是非常好斗的生物。两只雄虫相遇，一场激战就开始了，所以自古以来就有人喜欢斗蟋蟀，喜欢看我们在罐中大打出手的样子。看着我干什么，你也要来打一架吗？

又输了！

放手！

你先放！

一只蟋蟀的
闯关之路

雌蟋蟀被音乐吸引，爬到雄蟋蟀的背上进行交配。

建好洞穴、奏响音乐，接下来就要完成蟋蟀们一生中最重要的任务——交配和产卵。我，一颗小小的卵，要想成长为一只真正的蟋蟀，那可不太容易。

"眼前"一片漆黑

秋天，我通过妈妈腹部末端的产卵器来到了这个世界。刚出生时的我只是一颗小小的卵，需要和其他兄弟姐妹一起在泥土中熬过大雪纷飞的寒冬。因为刚出生时没有眼睛，所以漆黑一片是我对这个世界的最初印象。

下雪啦！ 下雪啦！

即将孵化的卵颜色深了很多，这时的它们已经长出黄黑色的小眼睛了。

刚刚产下的卵是米黄色的。

大约两星期后……

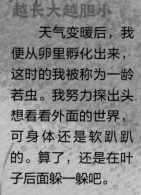

越长大越胆小

天气变暖后，我便从卵里孵化出来，这时的我被称为一龄若虫。我努力探出头想看看外面的世界，可身体还是软趴趴的。算了，还是在叶子后面躲一躲吧。

不管是若虫时期还是成虫时期，蟋蟀都喜欢啃食植物。它们在地下时啃食植物的根，在地上则啃食植物的茎叶和果实。

蟋蟀的噩梦

蜥蜴

蚂蚁

伴随蜕皮的长大

"嘶啦——"，又完成了一次。可惜我没有手指头，不然我肯定会数给你看我已经蜕过几次皮。每一次蜕皮，我都会长大一些。

蟋蟀若虫会吃掉自己蜕下的皮，有时也会吃其他昆虫若虫蜕下的皮。

可以出来了吗？

你先出来看看。

翅会说话

又一次蜕皮后，我成了末龄若虫。你问我是怎么知道的？是我背上的小翅芽悄悄告诉我的。

末龄若虫会长出翅。但此时的翅还不能用来演奏音乐。不过很快，若虫们就会颜色变深，成为成虫。

是猎手也是猎物

成为成虫后，我们就可以来到地面上寻找食物了。当然，即使成为成虫，我们还是不够强大，所以不得不过上东躲西藏的日子。石头下、草丛里、空树心里都是我们藏身的好去处。不说了，我的叶子要被抢走了！

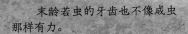

末龄若虫的牙齿也不像成虫那样有力。

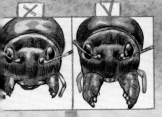

15

养只蟋蟀 行不行

蟋蟀们不仅要小心自然界中的天敌，还要提防某些人类，比如我。现在我就要到它们经常出没的农田杂草间试试运气。蟋蟀们，快藏好，倒数五个数，捉迷藏游戏要开始了！

1 小巧又带手柄的网兜会让昆虫捕捉变得更加容易。

快跑！

2 如果找不到这样的网兜，用塑料杯代替也不错。

3 或者尝试制作一个诱捕装置。在剪掉瓶口的矿泉水瓶里撒一些砂糖，然后等待一些小可怜虫自投罗网。

从借助工具开始

要想养一只蟋蟀，首先得会捕捉。如果你足够有耐心，在田野里徒手也能抓到不少蟋蟀。不过蟋蟀这个小家伙还挺聪明，有时候光靠双手可不行。

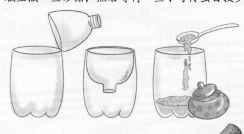

不管了，吃饱再说。

玻璃箱盖子上要有通气孔。

每天要更换新鲜的食物。

还要准备一个喷雾器给土壤补充水分，保持土壤湿润。

- ☑ 陶罐、玻璃饲养箱
- ☑ 小杂鱼干、黄瓜、茄子
- ☑ 小碟、小碗
- ☑ 小石头、花盆碎片
- ☑ 20~25 摄氏度

给蟋蟀安个家

既然把它们带回家，那就要好好对待，快来看看我为蟋蟀朋友们准备的"大豪宅"！首先在陶罐或玻璃饲养箱底部加入一些土壤，大约5厘米厚度。再用小碟子或小碗定期投喂一些食物，最后添上一些装饰就大功告成了。

介绍一下新朋友

伙伴们叫我出去玩了。我要把新捉的蟋蟀放进透气的编织笼里带出去炫耀炫耀，朋友们一定会羡慕我的。

《诗经·国风·唐风·蟋蟀》（节选）

蟋蟀在堂，岁聿其莫。
今我不乐，日月其除。
无已大康，职思其居。
好乐无荒，良士瞿瞿。
……

关关雎鸠，
在河之洲……
《诗经》我也会！

敲黑板，上课了

语文课上，老师告诉我蟋蟀常常被用在文学作品中。《诗经》中有一篇名为《蟋蟀》，是用来警醒我们不要沉溺于玩耍而耽误了正业。蒲松龄也曾经写过有关蟋蟀的故事。

从前有一个小吏被要求进贡蟋蟀。他好不容易找到了一只，却被自己的儿子弄死了。

小吏把儿子大骂一顿，儿子也因害怕而变得精神恍惚，卧床不起。

之后小吏在门口抓到了一只连公鸡都能制伏的小蟋蟀，并因此受到奖赏。一年多以后，小吏的儿子恢复了精神，竟说这期间梦见自己变成了一只蟋蟀。

傻傻分不清

每种昆虫都有很多类别，样貌叫声都略有区别，蟋蟀也不例外。你能分清你捉的是哪种蟋蟀吗？

多伊棺头蟋的头部和其他蟋蟀略有不同，它们的头不是圆形。

多伊棺头蟋

治病昆虫

很多人捉蟋蟀不仅仅是为了观赏要玩，更是为了它的药用价值。

黄脸油葫芦

黄脸油葫芦是最常见的蟋蟀种类之一，最显著的特点是复眼上方有黄色的倒八字纹，像画了两条黄色的眉。

瞧一瞧、看一看，这些是本店新到的蟋蟀种类，你在别处可见不着它们。什么？你不喜欢黄脸油葫芦的叫声？没关系，我这里还有一些它们的亲戚，说出你的要求，我一定可以选出最适合你的一种。

99 ♥

看看蟋蟀的朋友圈

钟蟋

这类黑色或绿色的小虫子通常出现在地面的落叶、石头瓦片下，或是断壁残垣的缝隙中。你喜欢嗑瓜子吗？看看钟蟋小小的头部和又扁又宽的身体，像不像一颗饱满的瓜子？

小巧的钟蟋动作十分敏捷，跳跃力也很强。

对面的朋友！让我看到你的双手……

不，双翅！

这种小虫鸣叫时，会把双翅高高竖起，直到几乎和身体垂直，然后依靠翅的摩擦发出婉转的"鸣唱"。每一声"鸣唱"还会伴随一次身体的抖动。

摇摆摇摆！
摇摆摇摆！

梨片蟋

梨片蟋喜欢栖息在高大的树上。嫩绿的体色让它们通常很难被发现。如此难以捕捉的种类，见到就是赚到！

梨片蟋的雄虫和雌虫相似，只是雌虫稍大一些，翅上也没有发音镜。

日本钟蟋

日本人称它们为"铃虫"，认为每年秋天如果没有听到钟蟋鸣叫，就是"虚度了一年"。

日本钟蟋触角特别长，体色通常为黑色。

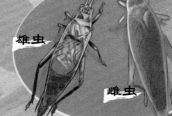

雄虫

雌虫

树蟋

　　树蟋因为生活在树上而得名。它们身体纤细修长，其中有些种类的颜色像竹子一样翠绿，声音如铃声一般，因此又被称作"竹蛉"。

前翅形似琵琶，因此有"琵琶翅"的美称。

树蟋常以植物鲜嫩的花和叶为食物，蚜虫也是它们喜爱的盘中餐。

　　作为夜鸣性的鸣虫，树蟋虽然看上去娇小纤弱，但鸣叫声却强劲有力、清脆响亮，节奏也较快。把它们带回去，保证你每个晚上都不孤单。

绿色的是年轻的树蟋。而深秋时的树蟋多为米黄色，是年老的树蟋。

长瓣树蟋访花时，容易遭到身手敏捷的蟹蛛的袭击。

长瓣树蟋

　　长瓣树蟋是鸣虫中的绅士，它们外观高雅，演奏声听上去就像潺潺流水一样。

竹盒中的树蟋白天蛰伏在盒子里一动也不动，到了晚上就跑个不停。

还有这些小伙伴

体色金黄，经常长鸣不息。

大黄蛉

最喜欢在灌木丛边走边叫。

凯纳奥蟋

体形比大黄蛉小些，鸣叫声高低起伏。

今天先吃哪个好呢？

小黄蛉

锤须奥蟋

鸣声如同清晰的金属铃声。

奇怪昆虫收藏馆

欢迎光临奇怪昆虫收藏馆。在这里留下照片的昆虫们可都是被认真挑选出来的，不奇怪可不收门票钱！

生活不会总是一帆风顺，对生活中的不如意看开些，似乎会更加快乐，这点突眼蝇们做得非常好。它们的头部两侧有两个长长的，被称为"眼柄"的结构，眼柄的末端是复眼。突眼蝇们借助眼柄大大拉开了左右眼的距离，拓宽了"眼界"。

当两只雄性突眼蝇狭路相逢时，它们会将头部相对，然后互相推搡，看上去就像是在"攀比"眼柄的长度一样。

突眼蝇的眼柄并非与生俱来，它们会在羽化后像吹气球一样将眼睛推向两边。

《看开点，世界更美好》
出镜：突眼蝇

伪瓢虫与瓢虫名字上仅一字之差，但它们在外形、生活环境和食性方面却有着巨大差异。伪瓢虫的身体大都是椭圆形，有的具有艳丽的体色或斑纹，有的还具有金属光泽。大多数种类的伪瓢虫以菌类为食，行踪隐秘。

棒角伪瓢虫生活在蚂蚁的巢穴里，触角是粗大的棒状。

撒旦卡伪瓢虫周身的硬刺又尖又长，长得非常有个性。

《找不同》
出镜：瓢虫、
伪瓢虫

快跑

蛩蠊被称为"昆虫界的活化石"，是一种非常古老的昆虫，喜欢生活在寒冷的地方，我国第一次发现蛩蠊就是在长白山地区。

由于长期不使用，蛩蠊的翅和复眼已经退化，既无法飞行也几乎没有视力。

《冰山来客》
出镜：蛩蠊

《生命不息，蜕皮不止》
出镜：石蛃

石蛃是一种原始的昆虫，主要生活在潮湿的落叶朽木或者蚁穴中。它们的食性较杂，主要以食物的残渣、藻类、地衣以及昆虫的腐尸为食。

石蛃还很擅长跳跃，这主要是依靠腹部后部的突然弯曲和挺直。

与大多数昆虫不同，石蛃在成年后还会继续蜕皮。

旌蛉不仅名字音同"精灵"，美妙的外形也如同精灵一般。旌蛉，外形上呈丝带状、勺状或叶状，看上去就像古时女子衣服上的长丝带，灵动飘逸。

旌蛉的幼虫长相有些奇特。

旌蛉虽然远看"仙气飘飘"，但近看却有些滑稽，因为旌蛉的口器向下延长，就好像头部长了一张"鸭子嘴"。这样的口器，便于它们在花朵上取食花粉。

《"精灵"王子》
出镜：旌蛉

遇到有趣的东西可以随时拍照记录哦！

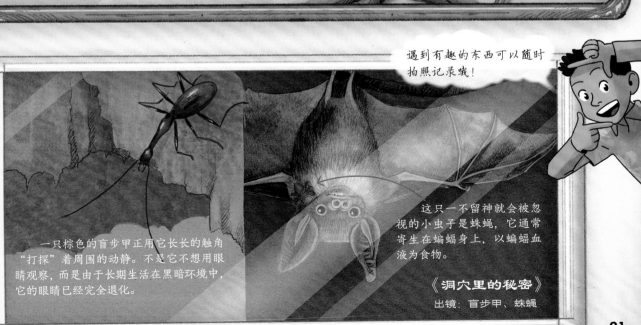

一只棕色的盲步甲正用它长长的触角"打探"着周围的动静。不是它不想用眼睛观察，而是由于长期生活在黑暗环境中，它的眼睛已经完全退化。

这只一不留神就会被忽视的小虫子是蛛蝇，它通常寄生在蝙蝠身上，以蝙蝠血液为食物。

《洞穴里的秘密》
出镜：盲步甲、蛛蝇

请叫我全能冠军

什么？你没有听说过蝼蛄（lóu gū）这种虫子，甚至都不认识这两个字？那你有没有听说过拉拉蛄、地拉蛄、土狗？这些都是我的俗称，不过你可得记住，蝼蛄才是我的"大名儿"。

据说为了消灭蝼蛄，昆虫学家会用录音机录下雄蝼蛄的鸣叫声，拿到田间播放，吸引雌蝼蛄出洞。

五项全能

欢迎来到昆虫运动会！不论参赛选手有多少，我一定是今天最闪亮的明星，毕竟像我这样能飞、能走、能挖洞、能唱歌，还能游泳的"全才"在昆虫界实在不多见。

第一项 比飞行

蝼蛄

龙虱

蜻蜓

洞口是喇叭

我一生中大部分时间都要在地下生活。我会在土中挖掘隧道，建立巢穴。对我们雄蝼蛄来说，洞穴还有一个特别的作用——扩音，以此来吸引雌蝼蛄。

蜻蜓出局

第二项 比游泳

吱吱！

吱哧！

第三项 比爬行

第五项 比唱歌

第四项 比挖洞

龙虱出局

完胜！

兄弟，你的衣服后面破了个洞。

?

只说家乡话

我们蝼蛄家族可是很庞大的，大到各个地方的同类已经有了自己的语言体系。上次在街上遇到一个面生的蝼蛄来问路，我竟然一句都听不懂，大概它是来旅游的吧。

奇迹妈妈

对雌蝼蛄来说，洞穴则是"产卵室"。蝼蛄妈妈们产卵前会在隧道里开凿一个宽敞又隐蔽的空间，再铺一些杂草。

蝼蛄的前足扁平，是专用的开掘足，用来挖隧道非常合适。

雌蝼蛄产卵后到处觅食，等幼虫出生后，它会回来继续挖掘巢穴，扩大居住面积。

蝼蛄一生下来就必须学会挖洞。

发型奇特的讨厌鬼

即使大多数时间都躲在洞里，我还是不可避免地要出来寻找食物，这时就要小心讨厌的戴胜鸟了。这种鸟会沿着我在地面爬过的痕迹找到我，然后用长长的尖嘴把我叼出来。

一旦遇到蝎子等天敌，蝼蛄便施展挖洞本领，迅速逃入地下。

我一定会回来的！

等你来了我都饿瘪啦了

23

蝼蛄

被嫌弃的宿命

比戴胜鸟更讨厌的是我"大害虫"的称号。不就是吃了人类一点点粮食蔬菜，至于把我和人人喊打的过街老鼠相提并论吗？

喜湿不喜干

给你个提示，我喜欢潮湿的土壤，所以如果你要找我，请认准河流岸边或者水渠旁的田间。

农民伯伯犁地翻土时，常常将蝼蛄翻出来。

如果下雨天洞穴里的水太多，蝼蛄就会从洞里跑出来逃窜。

我才不会被你轻易找到。

菜单上新了

快来看看我的菜单！如果这些作物的根茎被我吃掉，就无法继续结出果实，人类可就没得吃啦。

菜单

豆类

谷类

薯类

偷偷搞破坏

如果你没有在上面说过的地方找到我，那我一定正在地下辛勤地挖掘隧道。这时候要是遇见我喜欢的农作物，那对不起了，我会把它们的幼苗、幼芽咬断，然后大吃一顿。

如果碰到马铃薯挡路，那蝼蛄索性边挖边吃，咬出个大洞后再继续前进。

蝼蛄的啮食会使苗根脱离土壤，因吸收不到水分而枯死。

24

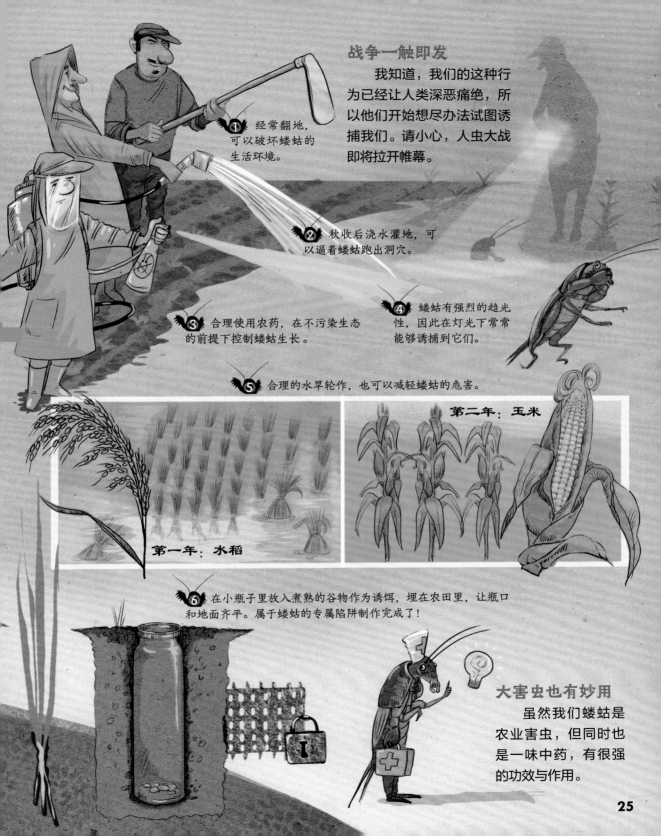

战争一触即发

我知道，我们的这种行为已经让人类深恶痛绝，所以他们开始想尽办法试图诱捕我们。请小心，人虫大战即将拉开帷幕。

① 经常翻地，可以破坏蝼蛄的生活环境。

② 秋收后浇水灌地，可以逼着蝼蛄跑出洞穴。

③ 合理使用农药，在不污染生态的前提下控制蝼蛄生长。

④ 蝼蛄有强烈的趋光性，因此在灯光下常常能够诱捕到它们。

⑤ 合理的水旱轮作，也可以减轻蝼蛄的危害。

第一年：水稻

第二年：玉米

⑥ 在小瓶子里放入煮熟的谷物作为诱饵，埋在农田里，让瓶口和地面齐平。属于蝼蛄的专属陷阱制作完成了！

大害虫也有妙用

虽然我们蝼蛄是农业害虫，但同时也是一味中药，有很强的功效与作用。

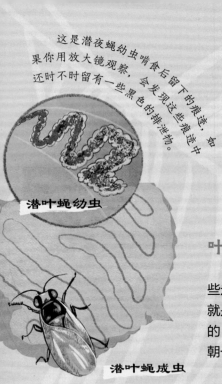

这是潜夜蝇幼虫啃食后留下的痕迹，如果你用放大镜观察，会发现这些痕迹中还时不时留有一些黑色的排泄物。

潜叶蝇幼虫

潜叶蝇成虫

特殊痕迹追踪馆

碧绿的卷心菜上突然出现了白色的痕迹？充满生机的嫩叶怎么一夜之间只剩下了"骨架"？快化身昆虫小侦探来特殊痕迹追踪馆一探究竟！

叶片里的"隧道"

如果你在叶子上看到了一些走势随意的白色细线，这八成就是潜叶蛾或潜夜蝇的幼虫们干的。它们喜欢潜进叶片里，闷头朝一个方向吃。

一只寄生蜂正将虫卵产在叶片里的潜叶昆虫幼虫体内。

不过这种用餐方式也有一定风险，如果被寄生性天敌找上门来，那这些专心进食的小东西就会直接变成了别人的晚饭。

潜叶蛾也是"潜叶"昆虫里的一大家族。世界已知的潜叶昆虫已经超过 10000 种。

潜叶的流派之争

潜叶昆虫还有不同的进食方法，吃出的图案也各不相同。

有的幼虫会左右摆头来回吃，吃出一大片"斑块潜道"。

潜叶蛾成虫

潜叶蛾幼虫

长大啦！

有的幼虫一会儿沿一个方向吃，一会儿又绕着四周吃，最终留下了"线形-斑块潜道"。

26

如果你在树叶背面发现了一些花花绿绿的小"糖果",那是瘿蜂的婴儿房。

不同类型的瘿蜂虫瘿也是不一样的。

植物的反击

潜叶昆虫对于植物来说可算是个不速之客,因此有些植物为了不被虫子啃食,会模仿虫子的啃食痕迹生长出白色斑纹。

噓,别被它发现了。

残缺的叶片

大大的海芋叶片上出现了一个个整齐的圆洞,这是一种专属于叶甲的啃食艺术。

海芋叶片会分泌毒素,叶片切出小圆洞,阻断毒素传输的通道。

一起做个书签吧

叶蜂幼虫喜欢将叶子啃咬得只剩叶脉,将这样的叶子捡回去当作镂空的书签是不错的选择。

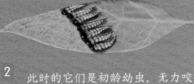

1 叶子上有一群叶蜂幼虫正在排队啃食。

2 此时的它们是初龄幼虫,无力咬穿叶片,只能在叶背啃出一大片斑驳。

3 如果有的叶蜂幼虫能够把叶片咬穿,就说明这已经不是初龄幼虫了。

月季和蔷薇花的叶片上出现了一个个开口的圆孔,这是切叶蜂干的好事。不过它切下的叶子不是当时就吃掉,而是带回巢穴筑造婴儿房。

这个当窗户正合适!

爱吃南瓜花的演奏家

螽（zhōng）斯其实不是特指某一种虫子，而是一类昆虫的统称。虽然我们大小不一、形态各异，却都是音乐上的"知音"。

优雅蝈螽是本名

比如我，螽斯中最优雅的一种，从我的名字中就可以看出来。不过，人们似乎更愿意叫我们蝈蝈。这就算了，可他们竟然还因为我们"肚子"大，就给我们起了个"大肚蝈蝈"的名字，这谁忍得了？

用翅演奏与"侧腿"倾听

我们发出的声音洪亮又好听，一点也不聒噪。虽然我们和蝉一样，只有雄性才有发声的能力，但我们的"演奏乐器"和用来倾听的"耳朵"可和它们大不相同。

灵敏的听觉不是雌蝈蝈的专属，无论雄雌，在它们的前足部都有一份小小的听器。只要"轻轻侧腿"，就能听到演奏声。

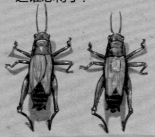

雄蝈蝈的发音器官在背部的前翅上。演奏时，只要让发音器官相互摩擦，就能发出声音。

× 20

跳跃吧，蝈蝈

除了能充当听器的前足外，我们还拥有发达的跳跃式后足。每当遇到危险，我们就先将后足收回到腹部两侧，然后猛地一蹬。不过，如果有时刚好"腿软"……

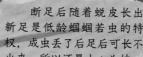

糟糕！ 后足被咬住了。算了，不要了！

断足后随着蜕皮长出新足是低龄蝈蝈若虫的特权，成虫丢了后足后可长不出来，所以还是小心为妙。

荤素搭配

对于食物，我们从不挑剔。既吃危害农作物的昆虫，也吃农作物，尤其喜欢黄灿灿的南瓜花。我们的"大肚子"可能就是为了装下各种食物而生的吧！

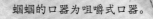

蝈蝈的口器为咀嚼式口器。

昨天晚上，

我竟然做梦梦见自己可以飞了！

那这真是个噩梦。

有翅不会飞

都说做人不能贪心，其实做虫也一样。我们的翅已经能演奏音乐，那就不能再指望它会带着我们飞多高了。

下一秒……

"爱"的多种方式

在中国，有悠久的蝈蝈文化。人们不但喜欢饲养蝈蝈，还给蝈蝈制作了各种精巧的笼子，希望把演奏声留在自己家里，但似乎没有人在意我们的想法。

蝈蝈的后足还有棘刺，能牢牢地抓住物体。

从卵中孵出后，经过五六次蜕皮，我们就长成了成虫。树枝上、枯叶里、草地上，都是我们极佳的隐藏地，快找找我们在哪里！

雌螽斯在土中产卵，若虫孵化后，会攀爬到树枝枝叶间，找一个可以抓牢的地方，进行蜕皮，这是螽斯成为成虫的必经之路。

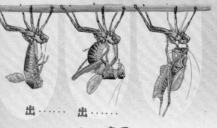

出……

出……

出不来了……

看我七十二变

是叶子还是螽斯

世界上有很多昆虫都可以凭借独特的颜色或形状和周围的环境融为一体，我也不例外。别眨眼，小心我突然跳出来吓你一跳！

雄性为绿色、雌性为亮粉色。

姬叶螽

姬叶螽生活在马来西亚，它不但有逼真的"叶脉"，连后足都演化成了叶片的形状。

二心斑叶螽的前胸背板处有两颗绿色的心形图案。

二心斑叶螽

有些叶子一半翠绿、一半枯黄，这可难不倒二心斑叶螽，它擅长模仿这样的树叶，连上面的霉斑都十分逼真。

绿斑小叶螽

绿斑小叶螽生活在雨林中，茂密的叶子为他们提供了极好的伪装，天敌几乎无法发现。

博氏小叶螽

如果周围全都是枯叶也不怕。博氏小叶螽不但颜色像枯叶，翅上的两个缺口，能让它更加充分地融入环境中。

披着铠甲的勇士

我们家族里还有一类大块头叫披甲树螽。它们全身带刺、甲壳坚硬，看上去就很凶猛。它们时常趁着鸟妈妈们不注意的时候，爬进鸟巢捕食幼鸟。

遇到敌人时，披甲树螽会喷射难闻的毒液。

捕食优先权

我的一些亲戚为了能够更好地享用美食，进化出了独特的外形。比如青牛螽斯，它不仅头上顶着尖尖的犄角，还长着一对"大板牙"，不知道它需不需要刷牙。

危险！

危险！

危险！

不过，饥饿的猫鼬并不管这一套，它们轻而易举就能把这些小虫子变成可口的晚餐。

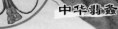

中华翡螽

中华翡螽全身翠绿，头部如叶柄一般。休息时它就像是一片轻轻散落在其他叶片上的落叶。

也不过如此。

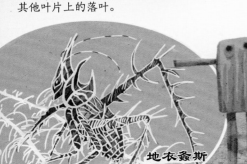

地衣螽斯

一二三、木头人

躲在地衣中间的地衣螽斯能模仿地衣的颜色和纹理，如果有敌人靠近，它就玩起"木头人游戏"，一动不动。

不爱纺织的纺织娘

"沙沙""轧织轧织"，如果你以为这是谁家的纺织机在辛勤工作，那就大错特错了，这个声音是我们纺织娘发出来的。

沙
沙
沙

纺织娘的发声原理和螽斯科其他昆虫相似，演奏时不需要抬起翅膀，只依靠左右翅连振动就能发声。

发音镜

素食主义者

这听起来是不是很健康？我们最喜欢的就是在庄稼地、瓜棚豆架等地方啃食南瓜、丝瓜的花瓣。

轧织

后足健壮有力，可将身体弹起，跳跃到远处

形似豆荚

头较小

前翅发达

丝状触须

轧织

多变的体色

我的朋友们有和我不一样的体色，饲养我们的人依据颜色给我们起了不同的名字。

我们的翅有宽翅和窄翅之分。翅的宽窄不同，叫声也大不相同。

"翠纱娘"

"绿纱娘"

宽翅

窄翅

盯

逃出生天

这可不是我在吹牛，我聪明极了，如果察觉到危险来临，我就会立即停止演奏，然后跳开。天敌靠得越近，我就跳得越远。

孔雀纺织娘一旦受到威胁，就会展露带有巨大眼斑的双翅，让敌人以为它是一只大鸟。

但跳开之后，它还会接着演奏，这不是又把自己暴露了吗？真是愚蠢的小虫子呀。

水下的演奏声

如果你走到湖边时，听到有虫鸣声从水下传出，那一定就是我划蝽了。

大嗓门拥有者

即使音量在水中传播时已经减弱了很多，但你仍然能听见我的声音，可见这声音是多么的嘹亮。

划蝽体长仅有 2 毫米，但它的小身板却能发出超乎想象的声音。

划蝽	蓝鲸	大象
99.2 分贝	188 分贝	117 分贝

水绵里捉迷藏

盛夏的湖水中，常常漂着一大团细密的绿色水绵，那是我最喜欢的食物。先不和你说了，现在，我要用我汤匙状的前足开始优雅地用餐了。

划蝽的后背有虎皮一样的花纹。

划蝽在水中游弋时，主要依靠后足推进前行，看起来就像是在"蛙泳"。

就决定吃你了！

孑孓（jié jué）

我是孑孓，是蚊子的幼虫。我知道马上我就要成为小划蝽的晚餐了，但有一件事我真的不甘心。

我真的不叫"孑孓"，也不叫"了了"呀！

"蛙泳"健将

除了短暂飞行的时间外，剩下大部分时间我都得待在水里，因此我的身体变得细长，两侧也成了流线型。

越小越爱吃

长大以后，我们大多以水中的藻类为食，但小时候的我们可不是这样的。小时候的我们喜欢捕食孑孓，而且一般集体出动。

还有哪些虫子会"唱歌"♪

蜜蜂

蝗虫

嚓

蚊子

天牛

嘤嘤

咯吱

咯吱

33

橡树又叫栎树或柞树，是世界上最大的开花植物，常被称为"森林之王"，寿命可达成百上千年。在它的庇佑下，很多动物在这里度过了幸福快乐的一生。

橡树毛虫是栎列队蛾的幼虫，他们通常排着队啃食着橡树叶。

英国有很多古老的橡树被印刻在了硬币上，它们的生命以这种方式得以永恒。

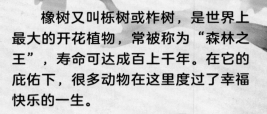

松鼠

橡果是橡树的果实。橡果成熟时外壳扩大，包在果实外面，守护着果实的安全，但坚果象却可以刺穿果皮。

栎列队蛾

看！这只坚果象正用它的鼻子来来回回地在橡果里打转，就像我们在木头上打孔时那样。

坚果象

哒

哒哒

以昆虫为食的小动物也在此安家，如啄木鸟、睡鼠、松鼠。

啄木鸟

活着的橡树

茂密的树林里，有一棵橡树矗立在这里，没有人知道它已经活了多少年。但在大橡树上，每天都有不同的故事发生。

如果仔细观察，你就会在橡树中发现一种颜色红亮的小生物，那是红绒螨。一旦下雨它们就会从地底大量涌现。

睡鼠

红绒螨

死去的橡树

即使橡树的生命非常漫长，但终究会有结束的一天。可即便如此，它仍然用自己的方式为身体里的"居民"提供着养分，甚至散发出更蓬勃的活力。

甲虫幼虫

甲虫妈妈会将卵产在树皮中，无数的甲虫宝宝会一路吃吃吃，最终咬穿树皮和木材。

小蠹

刚刚死去的橡树中富含甜甜的汁液，小蠹等昆虫在这里狼吞虎咽。

甲虫幼虫

除了可以作为食物外，古橡树内部木质腐烂形成的空洞也是甲虫宝宝的家。

白蚁和甲虫可能是死去橡树的第一批"新用户"，它们主要以粗糙的树皮为生。

甲虫

橡树上成长的木耳、蘑菇等菌类，为昆虫们提供了更加丰富的食物来源。

好甜！

动物们享受的同时，也帮橡树转化霉菌和土壤，为大自然奉献着自己短暂的一生。

厚厚的落叶层满是枯枝败叶，是地下昆虫的天然庇护所。

有一个成语叫蛛丝马迹，比喻隐约可见的痕迹和线索。可是马留下的痕迹明明那么清晰，怎么可能隐约可见呢？

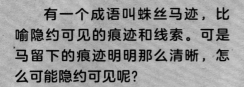

其实这里的"马"指的是一类叫"灶马"的昆虫。只有灶马留下的细小痕迹，才可以跟蜘蛛丝相提并论。

灶马总喜欢在老式灶台附近游荡，所以古人认为它们是"灶王爷"的坐骑，灶马因此得名。

灶马的大名其实叫驼螽，因为它的背部有明显隆起，却没有翅，就像一个驼背老者。

虽然灶马不会发声，但它们擅长跳跃，被称为"昆虫界的舞蹈家"。

啊！

要撞墙了！

灶马夏季常见于田野草石、土隙间、洞穴口附近，入秋后进入居民家中。

繁衍后代时，雄虫会从腹部排出精包作为礼物送给雌虫，之后雌虫会通过咬食精包获取营养。

7月15日 天气晴
今天遇到了一个陌生的面孔，天哪，它唱歌好好听……
（翻译）

36

新昆虫记

"机甲"战士集结

常凌小◎著　[意]玛蒂娜·布兰卡托◎绘

北京联合出版公司
Beijing United Publishing Co.,Ltd.

图书在版编目 (CIP) 数据

"机甲"战士集结 / 常凌小著；(意) 玛蒂娜·布
兰卡托绘 . —北京：北京联合出版公司，2023.4
（新昆虫记）
ISBN 978-7-5596-6622-2

Ⅰ . ①机… Ⅱ . ①常… ②玛… Ⅲ . ①昆虫 – 儿童读
物 Ⅳ . ① Q96-49

中国国家版本馆 CIP 数据核字 (2023) 第 025401 号

新昆虫记
"机甲"战士集结

出 品 人：赵红仕
项目策划：冷寒风
作　 者：常凌小
绘　 者：[意] 玛蒂娜·布兰卡托
责任编辑：李艳芬
项目统筹：李春蕾
特约编辑：尹丽影
美术统筹：张静翔
封面设计：周　正

北京联合出版公司出版
（北京市西城区德外大街83号楼9层　100088）
艺堂印刷（天津）有限公司印刷　新华书店经销
字数10千字　720×787毫米　1/12　3印张
2023年4月第1版　2023年4月第1次印刷
ISBN 978-7-5596-6622-2
定价：170.00元（全9册）

目录

告诉你一个秘密，我们勇敢地一次次化解虫虫危机，其实是为了做英雄般的战士。我们微小但从不渺小。

穿花衣裳的小甲虫

抱歉，打扰啦！我是穿花衣的七星瓢虫。你种的草莓太香了，我闻着味儿就到了你家。我可以用自己的故事跟你交换一颗草莓吗？

瓢虫的触角相当于人类的鼻子。如果你偷吃了糖果，千万别把手指放在它们的触角旁，不然你的秘密就会被"闻"出来了。

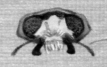

瓢虫有两个复眼，每个复眼又由多个小眼组成。

不只有七星瓢虫

谈起瓢虫，大家似乎只知道七星瓢虫。其实我们家族很庞大，有上千个种类。看鞘翅就会发现，不同种类上面的斑点的形状、数量、大小各有不同。

瓢虫观察记

给你一个近距离观赏我的美的机会。瞧，我有六条结实有力的足。我的两对翅——外面硬邦邦的那一层是鞘翅，薄而透明且有点长的是后翅，猜猜我用哪对翅飞行？

→ 鞘翅
→ 后翅

红衣裳、有斑点，莫非我也是瓢虫？

让我飞一次给你看。首先我会先抬起鞘翅，把后翅伸展开。别眨眼，我怕飞得太快你没看清——薄薄的后翅一扇，我就飞起来了！我用后翅飞，你猜对了吗？

飞行结束后我得把后翅叠回鞘翅中，听说有很多科学家都渴望学到我完美收纳后翅这一招儿。

如果把瓢虫放在手心上，它们会顺着手指向指尖爬去。

假

斑瓢跳甲　十星格氏瓢蜡蝉　柳二十斑叶甲　二纹柱萤叶甲

真

大红瓢虫　　李斑唇瓢虫　　六斑异瓢虫　　马铃薯瓢虫

大侦探辨真假

猜猜谁是瓢虫？

这么说可能不太礼貌，但真有不少昆虫借我们的名义去干坏事。为了不让你搞错它们的身份，我认为有必要让你先认认它们。

下次再偷吃，拜托机灵点！

我知道！我知道！

一旦植物的汁液被蚜虫大量吸食时，植物就可能生病。

集合了！过冬了

到了冬天，我喜欢跟伙伴们挤在石头、枯叶或树皮下抱团取暖。想到那段舒适的时光，我都要打哈欠啦。

不！这是……草莓！不是我。

瓢虫的食谱

我们很多瓢虫都喜欢吃蚜虫，也有吃真菌的伙伴，还有一些瓢虫喜欢吃马铃薯和茄子等植物的叶子。我常看到它们被管理农田的人类追着跑。还是我们七星瓢虫更受人类喜欢。

瓢虫禁地——"蚂蚁农场"

一些蚂蚁为了吃蚜虫分泌的蜜露，居然把蚜虫当"宠物"养，害得我只能站在远处流口水。别拦我，我想进去参观一下！

5

小小瓢虫，大大本领

看我个头小，就以为我好欺负？你要是想吃我，我只能说——让我先跑50米吧。开玩笑啦，其实我有"防身秘诀"应对危险。

穿花衣裳可不只为了美

我有时候什么都不用做，只要亮出我鲜艳的外壳就能赶走敌人，因为捕食者都知道，鲜艳的东西大多有毒！看见了就要躲远点。

> 我朋友说了，见到红色的虫子别吃，哪怕它们很好吃。

> 给你个机会，就看你有没有胆量咬我一口！

成虫　幼虫　饭　蚜虫

蛹

《三代同堂和饭》

演技好才能活更久

就算吓不走敌人，我也有其他御敌方法，比如装死。敌人靠近时，我会突然躺到地上，一动不动，假装自己是块石头。

> 事实上，很多昆虫遇到危险时，都有假死的行为。

化学武器来了

当然，真本事我也是有的。遇到危险，我会释放一种黄色液体。它散发的气味连我自己也不想闻。

> 听朋友的朋友的话果然没错！

没想到"草莓丸子"飞那么快。

蜻蜓

臭蜻蜓，瞧不起谁呢？

瓢虫

糟了，我是最后一名。

蜜蜂

这只蜘蛛咬了瓢虫一口，再利用毒液使瓢虫瘫痪，接下来很快就吸光了瓢虫的内脏。

逃跑才是保命第一绝技

在昆虫王国里，"逃得快"是战斗力不太强的昆虫们保命的第一秘诀。我就懂得这个道理，不断地加强我的飞行能力，让我在遇险时有更多机会逃走。

特别的伪装

这儿怎么有只粉蚧虫？不，它是孟氏隐唇瓢虫的幼虫。我已经第二次认错虫了，它长成这副模样，是为了吃蚂蚁守护的粉蚧。这样的伪装在动物世界里很常见。

我都扮演一片枯叶。

今天、明天以及明天的明天

我是枯叶蝶，

孟氏隐唇瓢虫

粉蚧

某些动物会改变体色、斑纹和形态等，伪装成另一种样子，以骗过捕猎者。

蜥蜴和鼹鼠也会捕食瓢虫及瓢虫宝宝。

我要给爷爷出一本传记《我冒险的一生》。

《才活几十天就老啦！》

昆虫界的"丑小鸭"诞生了

小时候的我不仅浑身黑乎乎的，还长了不少小疙瘩和刚毛。妈妈说我们是完全变态发育的昆虫，终有一天，我会和爸爸妈妈一样漂亮。

不愁吃喝的虫宝宝

我和兄弟姐妹是在一片有大量蚜虫的树叶上诞生的，这是妈妈特意为我们安排的出生地，充足的食物确保我们不会挨饿。

原来也有"天生丽质"

饱餐一顿后，我看到了一些昆虫妈妈推着"婴儿车"路过，里面的虫卵真漂亮啊。

黑脉园粉蝶的卵像红色灯笼

盾蝽的卵像笑脸

卷心菜斑色蝽的卵像刷了黑色条纹的桶

草蛉的卵看上去像用绳子拴……

瞧，我送给我孩子的第一个礼物就是笑脸。

小瓢虫诞生了

经过卵、幼虫、蛹三个阶段后，变成成虫的我才能成为一只漂亮的瓢虫。我借了本书来学习这个成长过程，和我一起去看看吧！

马上就长出斑点了。

卵

幼虫

蛹

成虫

一只小瓢虫的成长历程

1 幼虫从卵里钻了出来，现在它们只有芝麻粒大小。

2 幼虫让风把皱巴巴的表皮吹干些。

3 很快，幼虫吃掉自己出生时待过的壳。

瓢虫宝宝总是很饿，如果食物不够，它们就会吃自己的兄弟姐妹。

4 接下来，幼虫们倒挂在叶子上，开始第一次蜕皮。

5 幼虫又开始蜕皮，准备变成成虫。

6 下一步，幼虫们要开始化蛹了。

幼虫先用一根细细的丝把自己挂在叶子下。接下来，幼虫把腿收起来，表皮也变成了蛹壳。在蛹壳里，幼虫开始慢慢地长成成虫。

大约过了一个星期，蛹壳破裂，小瓢虫的脑袋最先出来。

看好了，我要变身了！

7 刚破蛹的成虫呈黄色且没斑点，几分钟后斑点才慢慢出现，鞘翅的颜色也渐渐变成红色。

8 一只漂亮的七星瓢虫诞生了！

为一生画上句号

　　如果幸运的话，我会平安长大，学会自己找食物，遇到危险，一次次地死里逃生。当然，我会像我的爸妈那样，跟另一只瓢虫生下孩子。最后，当我的生命结束，我会变成微生物的"盘中餐"，被分解为滋养大地的养分。这样的一生，也很幸福。

9

大颚可以用来在树上打洞，方便雌锹甲在里面产卵。

雌锹甲个头小，还没有夸张的大颚。

坚硬的鞘翅可以保护柔软的后翅和腹部。

锋利的爪可帮助锹甲牢牢地攀附在树上。

威武的大钳子

铠甲战士是雄性的称号，因为雄性非常好斗，为此还进化出了雄赳赳的大颚。而雌性性情温和，并没有雄性那样夸张的大颚。

战斗吧，铠甲战士

我们锹甲有个很酷的外号——铠甲战士。在战斗时，我会用强壮有力的大颚进行夹击。害怕不？

起飞的烦恼

由于头重脚轻，我们起飞很吃力。先要摆出合适的起飞姿势，再扇动后翅，最后才蹬地起飞。

别偷看，这只锹甲正撒尿呢。

它们也是锹甲

不要以为所有锹甲的大颚都是鹿角状的，其实不同种类的锹甲形象很不同，有的锹甲甚至不像只锹甲。

那名设计师该叫我一声师父。

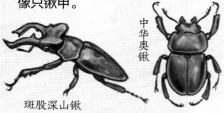

斑股深山锹

中华奥锹

巨又深山锹

雄锹甲的那对大颚让人联想到日本某种武士头盔上的叉形的装饰物。

彩虹锹

褐黄前锹

笨锹甲，胆小鬼，遇危险，爱装死。死翘翘，不害臊。
——老鼠诗

又一出装死大戏上演

就在刚刚，我还没看清遇到的是哪一个天敌——好像是田鼠，又好像是鼹鼠或其他小动物，总之我立马从高高的树上掉到地上，迅速躺下装死。

呃！老鼠屎一样的诗。

摔跤高手来了

　　无论是为了抢夺心仪的配偶还是美味的食物，我们雄锹甲常常举起大颚来决斗。渐渐地，人人都认为我们很好斗。

彼此试探。

试图用大颚钳住对手。

把对手举起来、抛出去。

昆虫界的大力士

　　也许在你看来，我举起的东西实在太小。如果把你缩小到跟我一样大，你会发现能举起比自身重量大几百倍的物体是多么了不起的事，因为这相当于让你举起一头大象。

独角仙、屎壳郎、切叶蚁也都是昆虫界鼎鼎有名的大力士。

锹甲白天睡大觉。到了晚上，它们才开始出来寻找食物。

晚上主要有锹甲、飞蛾、独角仙、天牛等昆虫用餐。

想吃树脂要"排队"

　　即使是我这样强大的虫子，想吃树脂也得乖乖"排队"——为避免拥挤，我和其他动物会分时段用餐。

白天主要有花金龟、蝴蝶、蚂蚁、胡蜂等昆虫用餐。

别打扰它，这只锹甲正躲在朽木里冬眠呢！待到第二年春天，你才会再见到它。

　　除了树脂，我还喜欢吃甜甜的食物，如木瓜、甘蔗等。甜食真的是最好吃的食物。让我再吃一口！

11

战斗小锹的成长日记

自从这只啄木鸟来到了"大树小区",就没闲过,我都替它头疼。看,它找到了一只锹甲幼虫。难以置信,锹甲妈妈已经把宝宝藏得这么隐蔽了,还是被找到了。

小锹甲诞生记

我们锹甲成年后才拥有坚实的"盔甲",其实小时候的我们软乎乎、肉嘟嘟的,甚至连蚂蚁都敢来欺负我们。我们能顺利长大可不容易!

为了幼虫宝宝的安全,锹甲妈妈用大颚不停地刨树皮,只为给宝宝制造一处"安全屋"。

雌锹甲喜欢在枯树或朽木上产卵,它们在树干上咬出小洞或钻出隧道,再将卵产在其中。

和锹甲妈妈相比,锹甲爸爸更在意自己的领地,有时会赶走锹甲妈妈。

雄锹甲在交配期间有很强的领地意识,十分好斗。

我居然输给了那小子!

锹甲幼虫生活在朽木或腐殖土中,活动范围很小。

1 一颗锹甲的卵。

2 幼虫从卵里孵化出来。

3 幼虫以木纤维为食,不停地吃啊吃,好快快长大。

糟糕!什么都让人给看见了!

5 又蜕了两次皮之后,这次幼虫准备变成蛹。

12

独角仙和锹甲的幼虫长得很像，但仔细看，锹甲幼虫的腹部末端有条竖线，而独角仙幼虫的腹部末端有条横线。

8 一只雄性锹甲长成了。

4 幼虫蜕了皮，换了一件更大尺码的『外衣』。

即使变成蛹也能分辨出我们的性别。

7 让风把柔软的身体吹干。

雄性锹甲　雌性锹甲

6 小锹甲慢慢地蜕去蛹皮。

谁是大寿星

长大后，我们的虫生各不相同，不同种类的伙伴有的能生存很久，有的可能连一个冬天都熬不过去。但我们总是很认真地对待每一天。

寿命

日本小锹

曲颚前锹

日本大锹

斑股深山锹

锹甲种类

锹甲都去哪儿了

你说你没见过我？这是因为很多人把我们捉去当宠物，再加上栖息地不断遭到破坏，导致我们的数量越来越少。下次再见到我们，记得手下留情哦！

自由万岁

不要让世界上最后一只锹甲是博物馆里的标本。

当然，还存在另一种情况——冬天来了，我们正在暖和的树干里冬眠。

铁齿铜牙的"钻木工"

一棵大树轰然倒塌，把我吓了一跳。这是我们天牛幼虫干的。不信？那就来看看小小的我们是如何弄倒一棵大树的吧！

开掘隧道的"钻木工"

我们没有斧头，也没有锯子，只凭一张嘴就能咬烂硬邦邦的木头。在树干里，我们总是前进、前进，在树干挖出无数条隧道。

生在食物堆里的幸运儿

跟锹甲宝宝一样，我们也出生在食物堆里，而这一身的肉膘就是平时吃木屑养出来的。

豪华且舒适的蛹室

我们天牛从不吹牛，但我们绝对是伟大的建筑师。看看我们造的蛹室就知道了！整个蛹室呈鸡蛋状，还有两到三层的封顶，就算敌人来闯也不怕。

五颗★菜单

你知道天牛幼虫最喜欢吃什么吗？虽然是宝宝，但它们可不喜欢吃糖。桑树、松树、柳树和杨树都是它们的最爱。

杨树

桑树

松树

柳树

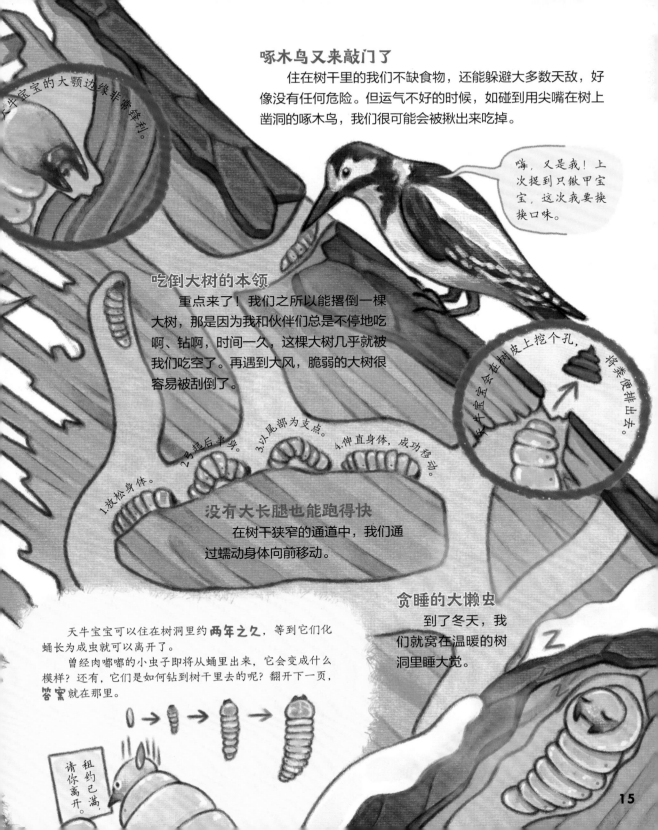

啄木鸟又来敲门了

住在树干里的我们不缺食物，还能躲避大多数天敌，好像没有任何危险。但运气不好的时候，如碰到用尖嘴在树上凿洞的啄木鸟，我们很可能会被揪出来吃掉。

嗨，又是我！上次提到只揪甲宝宝，这次我要换换口味。

天牛宝宝的大颚边缘非常锋利。

吃倒大树的本领

重点来了！我们之所以能撂倒一棵大树，那是因为我和伙伴们总是不停地吃啊、钻啊，时间一久，这棵大树几乎就被我们吃空了。再遇到大风，脆弱的大树很容易被刮倒了。

啄木宝宝会在树皮上挖个孔，将粪便排出去。

1.放松身体。
2.弓起后半身。
3.以尾部为支点。
4.伸直身体，成功移动。

没有大长腿也能跑得快

在树干狭窄的通道中，我们通过蠕动身体向前移动。

贪睡的大懒虫

到了冬天，我们就窝在温暖的树洞里睡大觉。

天牛宝宝可以住在树洞里约**两年之久**，等到它们化蛹长为成虫就可以离开了。

曾经肉嘟嘟的小虫子即将从蛹里出来，它会变成什么模样？还有，它们是如何钻到树干里去的呢？翻开下一页，**答案**就在那里。

租约已满，请你离开。

15

天牛

会在天上飞的"牛"

好不容易长大了，不用再在树干里东躲西藏，我要去做好多小时候还做不到的事，看小时候没看过的世界！

虫大十八变！

幼虫　　　成虫

听，是谁在唱歌

我受到惊吓时，会摩擦胸部的发音板"唱歌"。蝉和马达加斯加蟑螂等昆虫都会"唱歌"。

马达加斯加蟑螂把体内的气体快速地挤出气孔，从而发出"嘶嘶"声。

雄蝉的腹部能扩声音扩大，因此发出的声音很响亮。

曾和恐龙同台

听说，我的祖先早在侏罗纪时期就存在了，只不过那时候祖先们长得更像锹甲。但愿恐龙没有认错邻居。

早安，你是小锹吗？

比比谁的"鼻子"长

我终于拥有了比我的身体更长的"鼻子"——触角。如果按身体和鼻子的比例来算，我的"鼻子"可比大象的长多了。

"斧头牌"的大颚

我那强有力的大颚，轻轻松松就能把坚硬的树皮捣碎，挖起洞来省时省力多了。

地球生命演化的功臣

据说，从恐龙时代起，我的祖先就开始为植物传粉，为地球上生命的演化贡献了力量。

天牛的触角起到嗅觉、触觉，甚至听觉的作用。

夏天，一只雄性跟一只雌性天牛了。

它们成了夫妻。不久后，它们将拥有自己的宝宝。

雌性天牛用触须东闻闻、西闻闻，终于找到一棵喜欢的树。

它用锋利的大颚咬破一块块树皮，在树的伤口里产下卵。

生完宝宝，雌性天牛展开翅，头也不回地飞走了。

庞大的天牛家族

我们天牛家族十分庞大，你现在见到的都只是冰山一角。随便介绍几个给你认识一下吧。

意想不到的"厨艺"

快走快走，那只雌天牛咬破了树皮，一股香味正在吸引"食客"来用餐，这里有点危险。

天牛成虫通常只吃花粉或吮吸植物汁液。

用餐礼仪第1001条：吃慢点。

1 天牛选择自己喜欢的树。

咬破树皮。

昆虫们闻香而来。

3

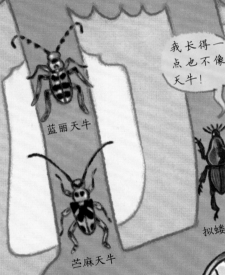

树的伤口处，汁液散发出诱人的"香味"。

5

那树上好多猎物啊！

云斑白条天牛

蓝丽天牛

我长得一点也不像天牛！

苎麻天牛

拟蝼蛄天牛

排名第一总容易被记住，比如这家伙——泰坦大天牛，体长都快追上你手掌的长度啦！

0.23cm

16cm

天牛族体长排名最小的是倭儒微天牛——真的是小小的一只，要用放大镜才能看清。

17

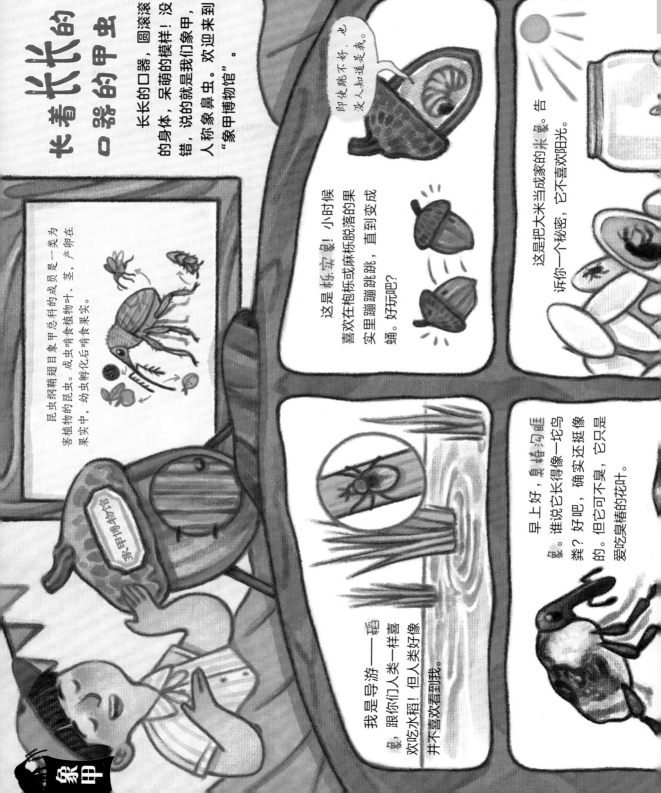

长着长长的口器的甲虫

长长的口器，圆滚滚的身体，呆萌的模样！没错，说的就是我们象甲，人称象鼻虫。欢迎来到"象甲博物馆"。

昆虫纲鞘翅目象甲总科的成员一类是为害植物的昆虫。成虫啃食植物叶、茎，产卵在果实中，幼虫孵化后啃食果实。

即使跳不好，也没人知道是我。

这是栎实象！小时候喜欢在枹栎或麻栎脱落的果实里蹦蹦跳跳，直到变成蛹。好玩吧？

这是把大米当成家的米象。告诉你一个秘密，它不喜欢阳光。

我是导游——稻象，跟你们人类一样喜欢吃水稻！但人类看到我并不喜欢。

早上好，臭椿沟眶象。谁说它长得像一坨鸟粪？好吧，确实还挺像的。但它可不臭，它只是爱吃臭椿的花叶。

象甲

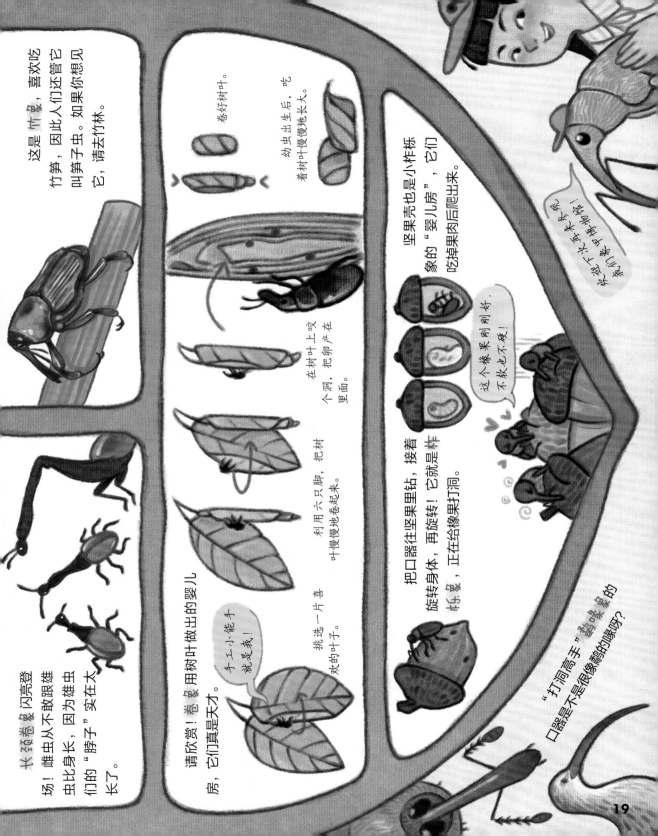

这不是老虎的故事

该怎么介绍我自己呢？虎甲，短跑冠军、"凶猛猎手"荣誉奖章的获得者。人类将我视为像老虎一样英姿飒爽的王者——真的，我从来不在这件事情上吹牛。

虎甲捕猎动作如老虎一样凶猛迅速，吃东西又狼吞虎咽，因此而得名。

起跳！

又是个大家族

我的家族遍布世界各地，但是大多生活在温暖的地方，比如人类在地球上划分出的热带地区和亚热带地区。

黄唇虎甲

金斑虎甲

纹背宽腹虎甲

辉淘虎甲

威风凛凛的武器

镰刀状的大颚让我能钳住比自己大的猎物，在闭合的瞬间，轻松地斩断猎物的身体。

坚硬无比的盔甲

我主要用一种叫几丁质的东西制作了这身"盔甲"，准备征服世界去。其实你也有"盔甲"——看看你的指甲。

角蛋白是构成马蹄、犀牛角以及人类指甲的主要成分。

传说中的"暴君"

你问我认不认识"非洲地面暴君"？你说的是那个吃蚂蚱、蚂蚁，偶尔还捕食老鼠、蜥蜴甚至青蛙的大王虎甲吧。它特别凶，你最好别招惹它。

你们都是我的菜

大胆的拦路虎

我偶尔会停在路人面前，看上去好像在拦路一样，因此人们给我们起名为"拦路虎""引路虫"。

嘿！给我站住！

唉！

挖洞小能手

好像要下雨了，快跟上我，我打个洞到地下去，咱们躲躲雨。

虎甲用上颚和足挖洞，白天活动，夜间或阴雨天钻到洞穴里。

虎甲的栖息地

我们大部分都生活在山间的道路或沙丘里。当然也有喜欢待在树上的。

别看我小，我的相对速度能和猎豹媲美。

昆虫界的短跑冠军

短跑冠军的名号不是我吹出来的，我们虎甲大概是世界上跑得最快的昆虫。我们的相对速度也可以用"音速"来形容。

它怎么不追我了？

跑得太快也有烦恼

我们捕猎时总要停顿三四次，因为我们的大脑和眼睛反应迟缓，造成了短暂性失明，只能停下来等待眼睛重新定位到猎物，才能继续追杀。看，那只虎甲又跑晕了。

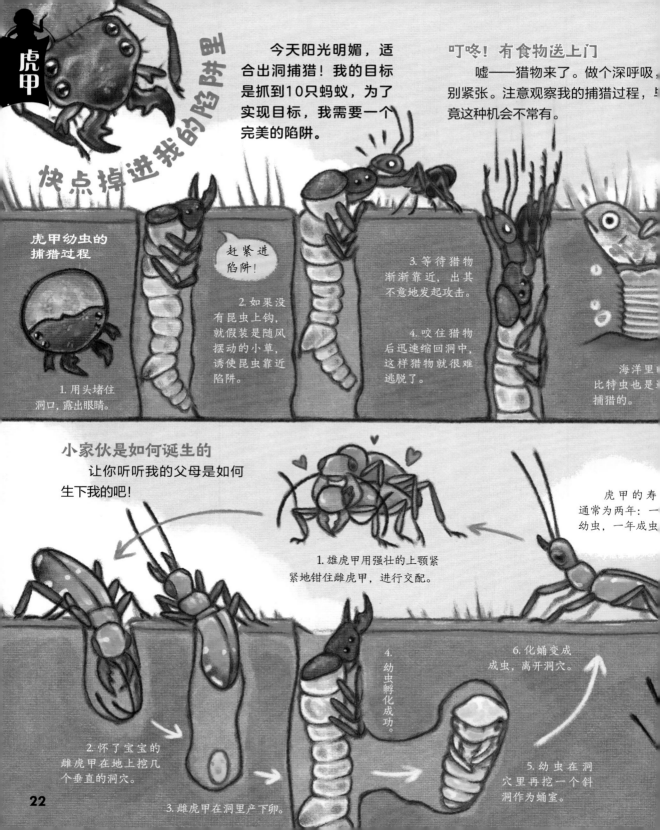

快点掉进我的陷阱里

今天阳光明媚，适合出洞捕猎！我的目标是抓到10只蚂蚁，为了实现目标，我需要一个完美的陷阱。

叮咚！有食物送上门

嘘——猎物来了。做个深呼吸，别紧张。注意观察我的捕猎过程，毕竟这种机会不常有。

虎甲幼虫的捕猎过程

赶紧进陷阱！

1. 用头堵住洞口，露出眼睛。

2. 如果没有昆虫上钩，就假装是随风摆动的小草，诱使昆虫靠近陷阱。

3. 等待猎物渐渐靠近，出其不意地发起攻击。

4. 咬住猎物后迅速缩回洞中，这样猎物就很难逃脱了。

海洋里……比特虫也是……捕猎的。

小家伙是如何诞生的

让你听听我的父母是如何生下我的吧！

1. 雄虎甲用强壮的上颚紧紧地钳住雌虎甲，进行交配。

虎甲的寿命通常为两年：一……幼虫，一年成虫……

2. 怀了宝宝的雌虎甲在地上挖几个垂直的洞穴。

3. 雌虎甲在洞里产下卵。

4. 幼虫孵化成功。

5. 幼虫在洞穴里再挖一个斜洞作为蛹室。

6. 化蛹变成成虫，离开洞穴。

狡诈的"假蚂蚁"

　　一天，我像往常那样守在洞口等待猎物。没多久，一只"蚂蚁"竟主动送上门。我毫不犹豫地把它逮进洞，可立马后悔了。因为那不是蚂蚁，而是一只可怕的寄生蜂！

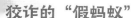

快吃我！快吃我！

这食物是不是被我吓傻了？！

　　当我意识到不对时，赶紧把它赶走了。这狡诈的寄生蜂，故意伪装成蚂蚁，诱使我把它拖进洞。

寄生蜂腹部有毒刺，当寄生蜂的螫刺刺入虎甲幼虫身体时，会将卵也埋进其中。

这样虎甲幼虫的身体就成了寄生蜂的育婴室。

因虎甲幼虫腹部的隆起很像骆驼的驼峰，因此它们又被称为"骆驼虫"。

瞧我变成风火轮

　　我从小就是个机灵鬼，当我遇到危险时，能像跳健美体操那样逃走，让你抓不着。

1. 预备。

2. 变成轮子。

3. 跳到空中。

4. 盘成环状。

5. 旋转落地。

6. 落地后，反向环绕。

7. 完成。

树栖虎甲变琥珀

　　前两天我去看了昆虫琥珀展，居然看到了虎甲琥珀。里面装着的像是生活在树上的一类虎甲，我暗自庆幸自己生活在地面上。

虎甲琥珀的形成

1. 一棵古松树在几千万年前可能被大风刮倒了。

2. 树脂从松树的伤口处流出来。

3. 一只虎甲路过时被树脂给粘住了。

4. 树脂不停地流出来，把虎甲包裹起来。

5. 后来，地壳运动将这棵树埋起来。

6. 经过几百万年，包裹虎甲的树脂变成了琥珀。

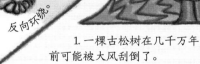

昆虫请回答：谁是大力士

要问谁才是"昆虫大力士"，估计所有的虫子都会说是独角仙。感谢大家对我的认同，不过填写"大力士奖状"的时候请使用我的大名——双叉犀金龟，独角仙这个俗称不太正式。

独角仙的菜单

到了晚上我才出门觅食，那些从树皮的伤口处流出来的汁液以及熟透的水果都是我的最爱，尤其橡木的汁液。哎呀！我口水要流出来了。

为了爱情打架

一山不容二虎，一树不容二虫。为了赢得胜利、获得爱情，雄虫们使出了看家的本领。

如果对方的力气不如你，赶紧将对方掀翻或扔到树下。

努力压制对方的进攻并将犄角伸到对方身体下，试着把对方挑起来。

不成功的话就跟对方比力气。这是见证真本事的时刻，通常两只独角仙不会僵持太久，力量较弱的一方很快会败下阵来。

别认错了！我可不是刚刚那只打架输了的独角仙。作为一只有梦想的独角仙，我只是喜欢躲在树叶堆里。

雌性独角仙没犄角，体形比雄性小。

独角仙的触角末端可以张开哦!

有特殊标记

我小的时候，肚子上有个 "V" 标记，因此我觉得自己很特别。于是我立志要成为大力士。后来我才知道，原来所有虫都有这个标记。但这不影响我实现梦想。

独角仙的天敌：乌鸦、蝙蝠、刺猬等。

为了锻炼身体，我曾学过日铜锣花金龟的幼虫独特的走路方式——用背部行走。可惜，不仅没什么效果，还扭伤了我的腰。

成为名副其实的"大力士"

积极锻炼身体的我，长大以后能举起比自身重850倍的物体。相当于让一个成年人举起一辆大卡车!

我们蚂蚁也不差，能举起比自身重 100 倍的物体。

卵

幼虫

粪便

蛹室

蛹

在化蛹之前，独角仙会排出大量粪便，然后涂在蛹室的墙壁上。

美丽的可不只有蝴蝶

吉丁虫

提到漂亮的昆虫，人们总是先想到蝴蝶、萤火虫、蜻蜓，但请看看我，一只吉丁虫，难道不漂亮吗？

昆虫的翅

曾经那么多大诗人赞美我们昆虫，要我说，他们真应该好好夸夸我们的翅！

膜翅 坚硬且半透明，能够飞行。如蝗虫和蟋蟀的前翅。

很多吉丁虫喜欢在温暖潮湿的树林里安家。

请欣赏各种各样的翅。

颜色的秘密

我外壳的颜色即使放上100年也不会褪色。想知道为什么吗？放大、再放大，你就会发现我的外壳有特殊的结构。

毛翅 表面长有细毛，如石蛾的翅。

鞘翅 坚硬且不能飞行的翅，用来保护后翅。如甲虫的鞘翅。

鳞翅 表面覆盖着不同颜色的鳞片，如飞蛾的翅。

科学家把吉丁虫甲壳的颜色称为"物理色"，霓虹脂鲤、鲍鱼壳以及你吹的肥皂泡泡都有物理色哦！

缨翅 翅膀的边缘长有细长的缨毛，如蓟马的翅。

26

是谁在树上雕花？

当我还是圆滚滚的小肉虫时，人们管我叫"爆皮虫"。这是因为我小时候很喜欢啃食树皮，如果你看到树皮被雕了花，那件艺术品可能是我的杰作！

美丽的烦恼

日本的"玉虫橱子"和英国的"吉丁虫翅晚礼服"上面缀满了吉丁虫的鞘翅，这到底牺牲了多少吉丁虫啊？

> 想捉我？别做梦了。我们吉丁虫飞得又高又远！

> 我雕的树皮花和我自己一样，都是艺术品！

意外的森林来客

我有个奇葩的亲戚，它是雌性松树黑吉丁虫。当森林发生火灾时，它竟然屁颠屁颠地跑去刚烧焦的松树上产卵！听说这样它们的宝宝才能更好地长大。咳咳，但愿吧！

行走的"灿烂宝石"

这是我的"家族大合照"，因为照片的尺寸有限，只能放下这么多成员。它们都拥有美丽的金属色外壳，被称为"彩虹的眼睛"。

> 跟象鼻虫、瓢虫等甲虫一样，遇到危险时，吉丁虫也会装死。

哎呀，磕头虫又逃走了

你以为我会乖乖地躺在地上，让你观察我？身为一只叩甲，我绝对不会这么老实！我能突然跳起来，然后咔嗒一声，在你眼前消失得无影无踪。

弹跳大比拼

论弹跳能力，也许跳蚤是冠军，但我也不差。袋鼠和奥运会冠军统统不是我的对手。

叩甲虫大家族

我们叩甲虫家族很庞大，大家的颜值都很高。有人身穿红马甲，有人头顶漂亮的角，你能分清我们吗？

黑缘红胸叩甲

梳角叩甲

大青叩甲

虹彩叩甲

叩甲的幼虫呈金黄色，体形细长，因此被称为金针虫。它们喜欢咬食正在发芽的种子或幼苗的根茎，使植物生病，甚至死亡。

空翻高手

我们叩甲跳高靠的不是腿，而是利用前胸腹板和中胸腹板形成弹跳关节，完成弹跳的动作。

瞧我凶狠的眼神，怕不？

可怕的"眼睛"

我昨天遇到了一只眼斑叩甲，听名字你也许能猜到，这只叩甲前胸上有对内黑外白的纹饰，那是对假眼。它们靠这样的装饰来吓唬敌人。

求饶的"磕头虫"

一旦遇到敌人，我们会尝试不停地跳起来，看上去好像在磕头求饶，为此人们管我们叫磕头虫。但我"磕头"的原因有很多。

原因 1 前方有障碍物时，叩头能够帮助自己越过障碍物。

原因 3 求偶时，叩头能够让对方感到自己很有魅力。

原因 2 遇到危险，叩头能够吓走敌人，让自己逃离危险。

白天

晚上

会发光的同伴

听说在塞拉多大草原上，每年大概有两个星期，到处都是闪闪发光的蚁家，那是萤叩甲幼虫在诱捕猎物！

这就是我

我是双纹褐叩甲，仔细看看我的身体，是不是挺帅的？我有漂亮的黑褐色斑纹，还有灵敏的复眼！

夜幕降临，成百上千只萤叩甲幼虫从蚁家内向外蠕动、抵达洞口。

触角

膜翅

鞘翅

发出一闪一闪的绿光来诱惑飞蚁，再用大颚捕捉它们。

29

金龟子中的巨无霸——大王花金龟，其实和人类的手掌差不多大，重量约有一颗苹果那么重。

蜣螂最爱的食物是粪便，所以也被称为屎壳郎。有的喜欢将粪便滚成粪球藏到巢穴中，雌蜣螂还会在粪便中产卵。

欢迎来到金龟子王国

我们金龟子家族有很多大名鼎鼎的成员，有喜欢滚粪球的屎壳郎，有手掌那么大的大王花金龟，还有喜欢吃花果的我——花金龟。咱们先让让，别挡着屎壳郎推粪球！

踮花金龟喜欢吃蚂蚁。但蚂蚁们并不好惹，好在它们长了一对猪耳朵般的触角，遇到袭击时，就可以用它们盖住脑袋的两侧，保护自己。

快乐的吃货

我很喜欢花柱下子房里甜甜的蜜。有时候我也会在幼小的果实上咬一口，留下一道道痕迹。

枯叶"婴儿房"

腐烂的枯叶是我的宝宝们喜欢的食物，我常在枯叶堆里安家。宝宝们的粪便还能成为滋养土壤的肥料。

花金龟喜欢躲在花朵中，尤其天冷时，它们就在里面睡大觉。

花金龟成虫有群集性，且大多喜欢在白天活动。

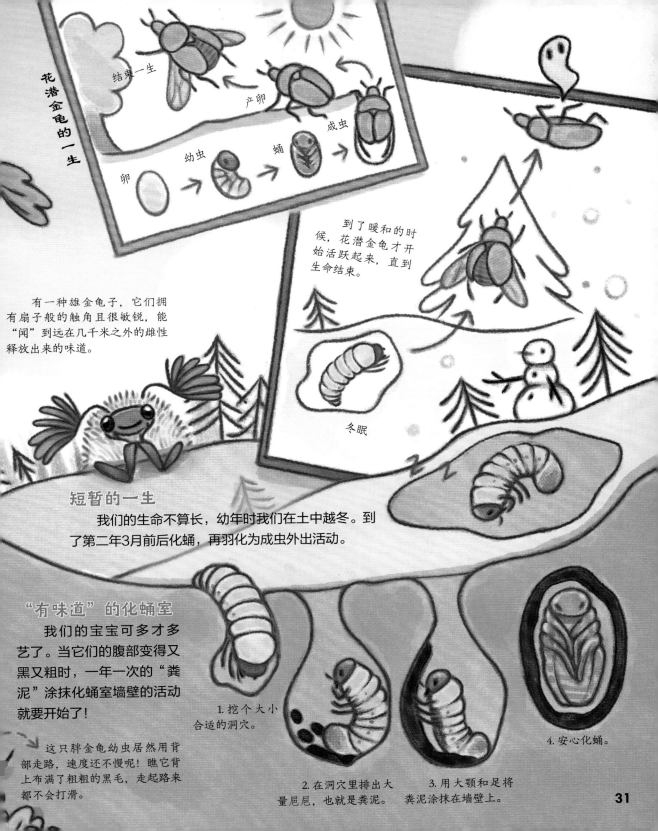

花潜金龟的一生

结束一生

产卵

成虫

幼虫 → 蛹 → 成虫

卵

到了暖和的时候，花潜金龟才开始活跃起来，直到生命结束。

有一种雄金龟子，它们拥有扇子般的触角且很敏锐，能"闻"到远在几千米之外的雌性释放出来的味道。

冬眠

短暂的一生

我们的生命不算长，幼年时我们在土中越冬。到了第二年3月前后化蛹，再羽化为成虫外出活动。

"有味道"的化蛹室

我们的宝宝可多才多艺了。当它们的腹部变得又黑又粗时，一年一次的"粪泥"涂抹化蛹室墙壁的活动就要开始了！

这只胖金龟幼虫居然用背部走路，速度还不慢呢！瞧它背上布满了粗粗的黑毛，走起路来都不会打滑。

1. 挖个大小合适的洞穴。

2. 在洞穴里排出大量尼尼，也就是粪泥。

3. 用大颚和足将粪泥涂抹在墙壁上。

4. 安心化蛹。

假装我是一朵花

你好，我是一只 芫菁（yuán jīng）幼虫。我和我的兄弟姐妹们聚在这棵植物上"假装"花朵，已经有三天了，我们等的虫还没来。

熊蜂牌"顺风车"

从泥土里孵化出来后，我和我的兄弟姐妹就开始跟时间赛跑！我们拼尽全力才顺着植物的茎爬到了最高处，然后模拟绽放的花朵，试图吸引熊蜂落在我们这朵"花"上。

快看，熊蜂来了。它以为我们是真的花。就在它采蜜时，我们一拥而上，迅速爬到它的身上，成功搭乘了这辆"顺风车"。

今天有点超重……

熊蜂会在鼹鼠或老鼠挖掘的洞穴中筑巢。

停车！餐厅到了

乘熊蜂飞了很久，它没有发现自己正把人带回巢穴。而我已经饿坏了，迫不及待地想吃上一口香甜美味的熊蜂幼虫肉。当然，我也不介意先吃点花蜜填肚子。

用餐时间到

回到蜂巢，熊蜂好像意识到什么，使劲抖了抖身体，此时已经晚了，我降落在了幼虫的巢室外。运气不好的同伴会被成年熊蜂赶走，我躲过一劫，住进了熊蜂幼虫的巢室里。直到第二年春天，我才会离开这里。

别吃我，我有毒

破蛹后，我变成了一只漂亮的成年芫菁。不要以为我们芫菁穿得这么鲜艳，仅仅是为了好看，其实主要是为了警告鸟类等捕食者：别吃我，我有毒！

长大后的芫菁开始吃植物的叶子。它们喜欢聚在荔枝树或龙眼树上。

红斑芫菁

苹斑芫菁

红头豆芫菁

绿芫菁

大斑芫菁

用触角求爱

在一片鲜美的叶子上，我遇见了我的太太并对它一见钟情。我会用触角卷住它的触角，向它表达我的心意。

雌芫菁和雄芫菁在完成繁衍后代的任务之后，不久便会死去。

变身、变身、再变身

我们芫菁是复变态昆虫，也许这个名词很难懂，但你只要知道我们长大的过程很复杂就行了。

卵

成虫

蛴螬型幼虫

三爪蚴

伪蛹

6龄幼虫

蛹

厉害了！我的武器

一旦遇到危险，我会分泌出油乎乎的黄色液体（斑蝥素）。如果你用有伤口的手碰了它，你的皮肤将红肿溃烂……这一招能吓退很多敌人。

33

集合·集合，甲虫家族

鞘翅目昆虫俗称"甲虫"，是昆虫纲中分布最广的一目。我们再来认识几位甲虫朋友吧。

背着"房子"长大

人们很少见到瘤叶甲的幼虫，那是因为它们的幼虫躲在囊里到处行动。

别过来，否则我开炮了。

啊！好烫啊！

住在泡泡里的甲虫

龟甲的警戒色让人觉得藏在了泡泡里。其实它是在发警告：我有毒，别靠近。

靠放臭屁赶走敌人

要是哪只蚂蚁或雏鸟敢靠近气步甲，那可有它们受的。气步甲的腹部末端会发出爆响，喷射出高温的液体，同时还伴有黄色的烟雾和毒气。

倒立起来喝水

生活在沙漠里的沙漠拟步甲在起雾后，会爬上沙丘，撅起腹部呈倒立姿势，让凝结的小水珠顺着身体流入口中饮用。

陆地"小坦克"

魔铁幽甲几乎拥有地球上最强硬的外壳，甚至被汽车碾压后，也能活下来。

让海芋防不胜防的甲虫

海芋叶子设下了陷阱，一旦叶子被咬破，毒素就会沿着叶脉进行运输，将偷吃的家伙毒死。因此，大部分昆虫不敢吃海芋，除了锚阿波萤叶甲。

嘘！它在假装蚂蚁

隐翅虫常常混入蚂蚁群中骗吃骗喝。它们是如何行骗的呢？隐翅虫靠气味混淆行军蚁的判断，当气味消散时，它们甚至会抱紧行军蚁，以延长伪装时间，趁机吃掉行军蚁的食物和幼虫。

碰到只有蚂蚁才能爬上去的地方，隐翅虫还会伪装成受伤的蚂蚁，让其他蚂蚁搬自己。

1. 锚阿波萤叶甲先用大颚在海芋的叶子上戳小洞。

2. 这些小洞形成了圈状，成功切断了海芋毒液的运输。

3. 锚阿波萤叶甲开始享用美味的海芋啦。

4. 最后在海芋的叶子上留下了一个个圈。

隐翅虫因鞘翅极短，后翅藏在鞘翅下而得名。

圆滚滚的"假乌龟"

圆滚滚的隐肢叶甲遇到危险时，会像乌龟一样缩起身体。一旦危机解除，它们一溜烟就逃跑了。

好奇时刻
昆虫很早就出现了吗

昆虫出现得很早，一直繁衍至今，经历了五次物种大灭绝都没有消亡，它们看着恐龙到来，又看着恐龙离开，真是幸运的虫子。

地球上最成功的物种

这是一只蟑螂，稍等！你先别急着逃跑。知道不，它们可是曾经跟恐龙生活在同一片天空下的小生物，而恐龙、三叶虫和渡渡鸟都灭绝了，它们仍然活得好好的。

叫虫的不一定是昆虫，三叶虫就不是。

同样是虫但不是昆虫的，还有鼠妇。

来自地狱的蚂蚁

一只蚂蚁咬住了猎物，这一咬就是9900万年，它们一起被封存在琥珀里。这只蚂蚁被科学家命名为"地狱蚂蚁"，它的猎物则很可能是蟑螂的祖先。

蜻蜓长着巨大的翅

当一只蜻蜓说起它的祖先，翅展开有60多厘米时，你一定不相信，但事实就是这样，原始丛林中的巨脉蜻蜓是地球上有史以来最大的飞行性昆虫，它没有说谎。

昆虫的一个伟大的进化就是有翅，能飞。那个时候能飞的只有昆虫，其他会飞的动物要过很久才出现呢。

新昆虫记

天才建筑师联盟

常凌小◎著　［捷克］西蒙娜·普罗克绍娃◎绘

NEW RECORDS OF INSECTS

北京联合出版公司
Beijing United Publishing Co.,Ltd.

图书在版编目 (CIP) 数据

天才建筑师联盟 / 常凌小著；(捷克) 西蒙娜·普
罗克绍娃绘 . —北京：北京联合出版公司 , 2023.4
（新昆虫记）
ISBN 978-7-5596-6622-2

Ⅰ . ①天… Ⅱ . ①常… ②西… Ⅲ . ①昆虫 – 儿童读
物 Ⅳ . ① Q96-49

中国国家版本馆 CIP 数据核字 (2023) 第 025403 号

新昆虫记
天才建筑师联盟

出 品 人：赵红仕
项目策划：冷寒风
作 者：常凌小
绘 者：[捷克] 西蒙娜·普罗克绍娃
责任编辑：李艳芬
项目统筹：李春蕾
特约编辑：曹营营
美术统筹：纪彤彤
封面设计：罗 雷

北京联合出版公司出版
（北京市西城区德外大街83号楼9层 100088）
艺堂印刷（天津）有限公司 新华书店经销
字数10千字 720×787毫米 1/12 3印张
2023年4月第1版 2023年4月第1次印刷
ISBN 978-7-5596-6622-2
定价：170.00元（全9册）

目录

**盖大楼、挖地道、做蓑衣！
"房子"千万种，虫子忙不停……**

白蚁

小昆虫建造 摩天大楼 🏢

你能想象这座比人还高的巨型土丘是一群小小的昆虫建造的吗？嘿嘿，我就是这座"大楼"的总设计师——白蚁。

全球蚁丘展

墓碑形

帽子形

圆球形

白尾仙翡翠鸟会在球白蚁的圆球形蚁丘里挖洞筑巢。

长颈瓶形

地下盘形

荧光墓碑形

会发光的叩甲聚集在白蚁丘上，用发出的绿光引诱白蚁并吃掉它们。

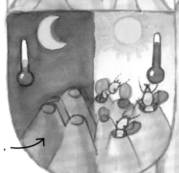

在蚁巢上方较高的位置有比较大的通风孔，这里是繁殖蚁"婚飞"的地方。

通风口晚上关闭，白天打开。

伟大的设计

我们把地下的沙土运到地面而形成巨型土丘。别看土丘十分高大，我们却不居住在那里，而是生活在地下的巢室里。

白蚁很会种蘑菇，它们培育真菌作为"粮食"，为刚孵化的若虫提供菌丝美餐。

菌菇园

蚁后室

"基建狂魔"

在巴西东北部的卡廷加群落，大约20万平方千米的土地上有两亿座白蚁土丘！这几乎相当于整个英国的国土面积大小了。

巢穴与地下水脉相连。

神圣家族大教堂

精妙的"空调"房
在我们的房子外表遍布着许多小孔。这些小孔除了作为出入的门户之外，还是天然空调的通风管道！

巴特罗之家

新鲜的空气涌入小孔，污浊空气从小孔排出，从而实现自动换气的效果！

最著名的"白蚁丘"
我们白蚁丘外部形态的精髓还被人类建筑师高迪学去了。他设计出了宏大的"神圣家族大教堂"、精巧的"巴特罗之家"等举世闻名的建筑！

最古老的蚁丘
科学家发现，在古埃及人开始建造金字塔时，我们的祖先几乎也在同期开展了建巢的工程。

粮库

白蚁把收集到的食物储存进地下巢穴里。

巨大的墓碑石阵
这些像墓碑一样的巨型建筑物是我的亲戚磁石白蚁的杰作，它们排列在一起非常壮观。有趣的是，蚁丘的扁平面都是东西朝向的，你知道这是为什么吗？

中午

晚

早

雌蚁

脱翅雄蚁

工蚁

兵蚁

早晨和傍晚蚁丘接收到最大面积的阳光，蚁丘保持温暖；正午阳光照射的面积最小，所以蚁丘内也不会太热。

5

白蚁

白蚁不是蚂蚁

很多人会把我和蚂蚁混为一谈，认为白蚁就是"白色的蚂蚁"。然而，我和蚂蚁在亲缘关系上相差十万八千里呢。

披发虫可以帮助白蚁消化木头中的木质素和纤维素。

披发虫

爱吃木头

木材、真菌和半腐烂的枝叶对我来说都是美食。这多亏了我有一位好盟友——披发虫。

白蚁家族

在我的家族里也有严格的组成和分工，我承认，这一点和蚂蚁还是比较相似的！

白蚁
等翅目

体色浅，多为乳白色或灰白色

触角念珠状

有翅种类前后翅等大

胸部与腹部连接处宽

不完全变态发育

雄蚁
负责与蚁后繁衍后代。

蚁后
负责生殖和统领家族。

工蚁
负责筑巢、供食、清洁和照料幼虫等各项工作。

兵蚁
负责保护整个家族，与敌人战斗。

6

蚂蚁
膜翅目

体色深，多为
黑色、褐色等

触角膝状

有翅种类前翅大
后翅小

胸部与腹部连接处窄

完全变
态发育

喷射刺激性液体。

白蚁不好惹

我的确不好惹。面对敌人，我们
有多种的防御手段，招招都能有效制
敌，大不了就同归于尽！

有一种"自爆
白蚁"，在危险时
刻会以自我牺牲
的方式保护巢
穴的安全。

白蚁的厉害，
人类深有体会。别
看它们身体小，却
堪称"破坏王"。

撕咬并
释放蚁酸。

我虽然年纪大了，但
我的"炸药包"威力
可不小！

| 降低农作物产量 | 破坏树木 | 损害建筑 | 摧毁堤坝 |

千里之堤，溃于蚁穴

这句话的意思是小小的蚁洞，可以使千里长堤毁于一旦。比喻小事不注
意会造成大乱子。但是这里的"蚁"指的可不是蚂蚁，而是我们白蚁。

竟然是蟑螂

人们研究发现我和蟑螂（蜚
蠊目）竟然是亲戚！在蟑螂的演
化过程中，有一类偏向家族的群
居蟑螂，后来逐渐演变成了我们
白蚁家族。

表哥，你还认
得我吗？

小蚁，真是好
久不见呢！

7

蚂蚁的地下王国

蚁后飞出巢穴和雄蚁举行婚礼。

立体式蚁穴

作为一名蚂蚁顾问，今天我接到了蚁后的命令——为大家介绍我们的地下王国。请跟着我踏上通往蚁穴的探险之旅吧！

严格的"质量检查官"

"民以食为天"，我们会对食物进行挑选，发霉变质的劣等食物可是不会被我们搬运到巢穴里的！

像迷宫一样的巢穴

跟紧点，可不要在这里迷路了。不过在我们眼里它并不复杂，这里不过是由蚁道、蚁室、出入口组成的罢了。

卵宝宝需要经过卵、幼虫、蛹和成虫四个阶段的发育才能成长为一只小蚂蚁。

卵　　　幼虫　　　蛹　　　成虫

蚁后的房间

在巢穴的最里面，住着统领家族的蚁后。蚁后大部分时间都在辛苦地产卵。

育儿室

大量的卵宝宝正在"育儿室"里睡觉。

蚁后

雄蚁

工蚁 兵蚁

平面式蚁穴

各种各样的巢穴

作为一流的建筑大师，我们的巢穴并不局限于一种设计，而是会根据实际情况建造出不同类型的巢穴。

黄猄（jīng）蚁用幼虫吐出的丝，将叶片与叶片贴在一起筑巢。

有些蚂蚁直接在植物上啃出蚁道和蚁室。

出入口

看！这些小丘是我们的屋顶，可以起到保护作用。

蚂蚁的队伍比我的身体还长啊！

忙忙碌碌的工蚁

工蚁是家族中数量最多、体形最小的雌蚁。别看我们个头小，却承担着大部分工作。

清洁卫生

食物储藏室

我们的食物非常丰富。蔬菜、树叶、种子、昆虫的尸体等都是我们家中常备的美食。

照顾幼虫

建造巢穴

搬运食物

蚂蚁

小小的超级生物

我的个头虽然小，但已经在地球上存在了上亿年，我们就是这个星球上当之无愧的"超级生物"！

集合信息素

请求支援！这里有两大块方糖。

行踪信息素

告警信息素

准备家伙，敌人从东边过来了。

蚂蚁死亡后会释放一种叫"油酸"的物质。

特殊的"语言"

我的体内有许多腺体，可以分泌多种"信息素"。我和同伴大多时候都是通过这些信息素进行交流的。

切叶蚁的"歌声"

切叶蚁工蚁发现新鲜的叶片后，会用腰部摩擦发出人类听不到的"歌声"，通知附近的小伙伴前来收取。

蚂蚁也有墓地

在我的家族中，如果有同伴死去，我们很快就会闻到蚂蚁尸体释放的油酸味道。大家会把它拖出巢穴，运到大型的蚂蚁墓地中！

甜食爱好者

如果你把一块蛋糕和一碗米饭放在我的面前，我会毫不犹豫地选择蛋糕。因为我喜欢吃甜食，还不用担心蛀牙。

蚂蚁的身体构造

发达的足部肌肉。

小心！螫针会扎人。

巨大的上颚。

感知物体味道和温度的触角。

嚓咔

我的触角就像一条舌头，可以识别物体的味道。

收集蜜露。

转移蚜虫到鲜嫩的植物上。

把蚜虫的天敌瓢虫赶走！

和蚜虫是好朋友

蚜虫是我的好朋友！为了吃到蚜虫分泌的蜜露，我会担负起"饲养"蚜虫的任务并保护它们不受天敌伤害。

蚂蚁的天敌

食蚁兽是我们最大的天敌，它伸出长长的舌头一舔，就可以舔走我们数百只同胞！

除了食蚁兽，啄木鸟、穿山甲、刺猬、棕熊等，也是蚂蚁的天敌。

蚂蚁会睡觉吗

作为一名工蚁，我的大部分时间都在劳动，偶尔也会在劳累的时候偷偷打个盹儿。

此地不宜久留！

天敌出没！

蚂蚁

你眼前的这些蚂蚁都是我的亲戚，它们的足迹遍布世界各地，都有着各自的生存绝招，在自然界中占据一席之地！

裁剪大师切叶蚁

切叶蚁的大颚像一把刀片，可以将叶子轻松地切下，所以大家都叫它切叶蚁。叶子切好了，其他小伙伴会来帮忙，把叶子一片一片搬走。

搬送叶子可是一个体力活，通常由体形较大的蚂蚁来搬运。与大蚂蚁搭档的还有一只小蚂蚁，它负责对叶片进行清扫，并保护同伴以免被寄生性的虫子盯上。

好多有趣的蚂蚁

切叶蚁还是蚂蚁中的"农业专家"。把叶片切下后搬到家里，有的切叶蚁将部分叶片咀嚼成浆状，此时的叶片就成为菌园的肥料。等到菌类长大，食物就有着落了！

切叶蚁还给它们的菌园配有专门的"警卫蚁"，来防止其他外来蚂蚁偷食。

储藏蜜汁的蜜罐蚁

蜜罐蚁腹部储蜜后，膨大得像个罐子。当食物缺乏时，它们就把蜜汁吐出来，分给同伴吃。

想体验一下子弹的威力吗？

小心子弹蚁！

如果不幸被子弹蚁叮到，就会产生被子弹射中的痛感！子弹蚁的名字可不是白来的。

看那一群正在捕猎的行军蚁，所到之处几乎"片甲不留"，真是支威猛的"军队"。

所向披靡的行军蚁

"恶霸"斗士悍蚁

斗士悍蚁从来不去寻找食物，因为它们的衣食住行都由仆人来操办。战斗，就是斗士悍蚁生存的信仰！

斗士悍蚁从邻居黑褐蚁家抢来大量的蚂蚁蛹，并运回自己的窝里。斗士悍蚁抢来的蛹长大后，就成了家中积极干活的仆人。

13

灯诱设备用于在夜晚捕捉具有趋光性的昆虫。

昆虫研究员为了研究各类昆虫，经常到大自然里去捉虫子。但是想要把虫子请到家里来可不是一件容易的事儿，需要正确的方法和工具。

灯诱设备

捕虫达人养成记

我死了，我装的。

昆虫网又叫捕虫网，一个竹竿加上一个网兜就可以做成一个简易的捕虫网。

振布是用来收集具有假死性的昆虫。有些昆虫在遇到危险的时候会选择假死来迷惑敌人。

昆虫网

收集瓶

扎了孔的矿泉水瓶就是一个收集瓶。

振布

如果想要做标本的话，需要将捉到的虫子放进事先准备好的瓶子里，瓶内要保持足够的氧气。

三角袋

翅非常脆弱的昆虫需要放进三角袋中，比如蝶类。

在地面上设置杯诱陷阱，可用来捕捉步甲、蟋蟀等地栖性昆虫。

各种各样的诱捕工具

黄盆诱集

诱盆

在黄色诱盆里加入一些水和肥皂水便可以捕捉到一些趋黄性昆虫，加入肥皂水可以使昆虫浸没其中无法挣脱。

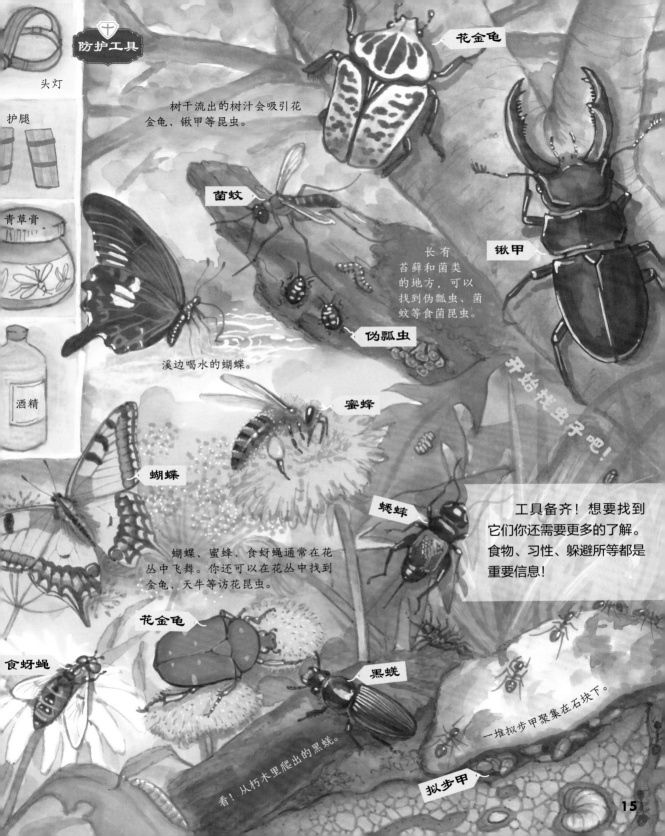

头灯

护腿

青草膏

酒精

花金龟

树干流出的树汁会吸引花金龟、锹甲等昆虫。

菌蚊

锹甲

长有苔藓和菌类的地方，可以找到伪瓢虫、菌蚊等食菌昆虫。

伪瓢虫

溪边喝水的蝴蝶。

开始找虫子吧！

蜜蜂

蝴蝶

蟋蟀

工具备齐！想要找到它们你还需要更多的了解。食物、习性、躲避所等都是重要信息！

蝴蝶、蜜蜂、食蚜蝇通常在花丛中飞舞。你还可以在花丛中找到金龟、天牛等访花昆虫。

花金龟

食蚜蝇

黑蜣

看！从朽木里爬出的黑蜣。

一堆拟步甲聚集在石块下。

拟步甲

15

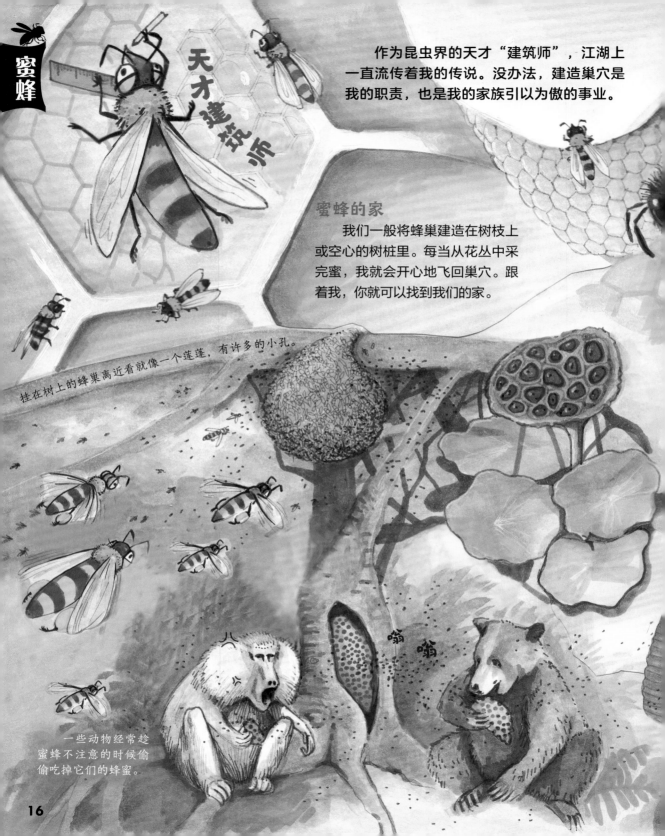

天才建筑师

作为昆虫界的天才"建筑师"，江湖上一直流传着我的传说。没办法，建造巢穴是我的职责，也是我的家族引以为傲的事业。

蜜蜂的家

我们一般将蜂巢建造在树枝上或空心的树桩里。每当从花丛中采完蜜，我就会开心地飞回巢穴。跟着我，你就可以找到我们的家。

挂在树上的蜂巢离近看就像一个莲蓬，有许多的小孔。

一些动物经常趁蜜蜂不注意的时候偷偷吃掉它们的蜂蜜。

舒适的屋内设计

"建筑师"的名号可不是白来的，在房屋建造方面，我不仅追求外表的美观，内部的细节设计也是相当有讲究的。

不要羡慕我，高处不胜寒啊。

蜂巢每处的厚度都是均匀的！

巢穴里设置有专门的育儿室和蜂王台。

你知道吗？

人类以蜜蜂六边形巢穴为灵感，制造出许多实用的结构材料。

- 免充气轮胎
- 飞机的夹层结构

大约10千克的蜂蜜才能生产1千克蜂蜡。

开始建巢

建造巢穴前我需要先制造出"建筑材料"——蜂蜡。这对我来说并不难，吃下蜂蜜就可以从腹部的蜡腺里分泌出蜂蜡。

多吃一点也不担心长胖，因为我都用来生产蜂蜡了！

倾斜式的设计，可以防止蜂蜜流出。

六边形的蜂巢拥有更大的空间，可以装下更多的蜂蜜。

木制小房子

你见过路边的小蜂房吗？它们是养蜂人为我们准备的家，有些蜜蜂可以在那里筑巢。养蜂人会定期从蜂房里收集蜂蜜，但我可不喜欢寄人篱下。

六边形的秘密

当我筑巢的时候会利用身体的热量给蜂房加热，使蜂蜡变软，建造出六边形的蜂房。

17

秘密武器不可少

蜜蜂不好惹

面对危险，我会时刻做好舍弃性命的准备，我将用螫针刺向敌人。但我无法将螫针从敌人身体里拔出，我的内脏和螫针会一起留在体外。

螫针！

失去内脏的蜜蜂因此也丢掉了性命。

蜜蜂依据太阳的照射方向来判断蜜源的位置。

如果深入了解我的话，你会发现我还有一些不为人知的本领，它们对我的生存来说十分重要。

神秘的舞蹈

今天，我被派出寻找蜜源。作为一名"侦察蜂"，一旦发现优质的蜜源，我就会回家用舞蹈告诉大家蜜源的方位。舞蹈，就是我和同伴传递"军事机密"的方法。

圆圈舞

花丛在附近100米以内！

摆尾舞

花丛距离巢穴的位置较远。

清洁舞

蜜蜂还会通过跳舞来请身边的伙伴帮它清洁身体。

感知气味的触角

大多数昆虫都有触角，它们喜欢上下左右地摆动着自己的触角，像雷达一样探测目标。我的触角不仅可以用来辨别方向，还可以感知花朵的气味！

今天的目标是满载而归！

装满花粉的"口袋"

看！在我的后腿上有我们随身必备的"行军包"——花粉篮。我会将采集到的花粉收集到花粉篮里。

一只蜜蜂正利用触角识别不同的花朵。

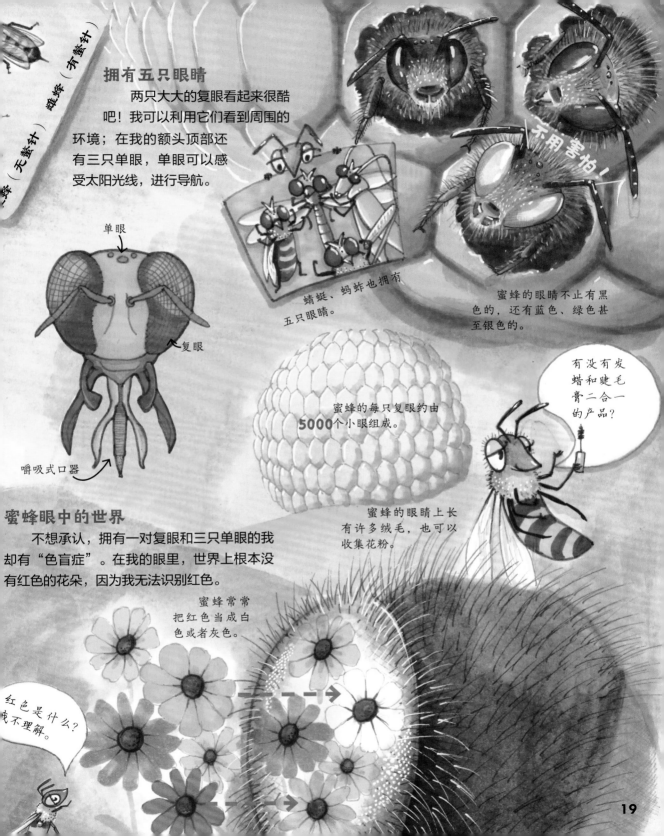

拥有五只眼睛

两只大大的复眼看起来很酷吧！我可以利用它们看到周围的环境；在我的额头顶部还有三只单眼，单眼可以感受太阳光线，进行导航。

单眼

复眼

嚼吸式口器

蜻蜓、蚂蚱也拥有五只眼睛。

不用害怕！

蜜蜂的眼睛不止有黑色的，还有蓝色、绿色甚至银色的。

蜜蜂的每只复眼约由5000个小眼组成。

有没有发蜡和睫毛膏二合一的产品？

蜜蜂的眼睛上长有许多绒毛，也可以收集花粉。

蜜蜂眼中的世界

不想承认，拥有一对复眼和三只单眼的我却有"色盲症"。在我的眼里，世界上根本没有红色的花朵，因为我无法识别红色。

蜜蜂常常把红色当成白色或者灰色。

红色是什么？我不理解。

19

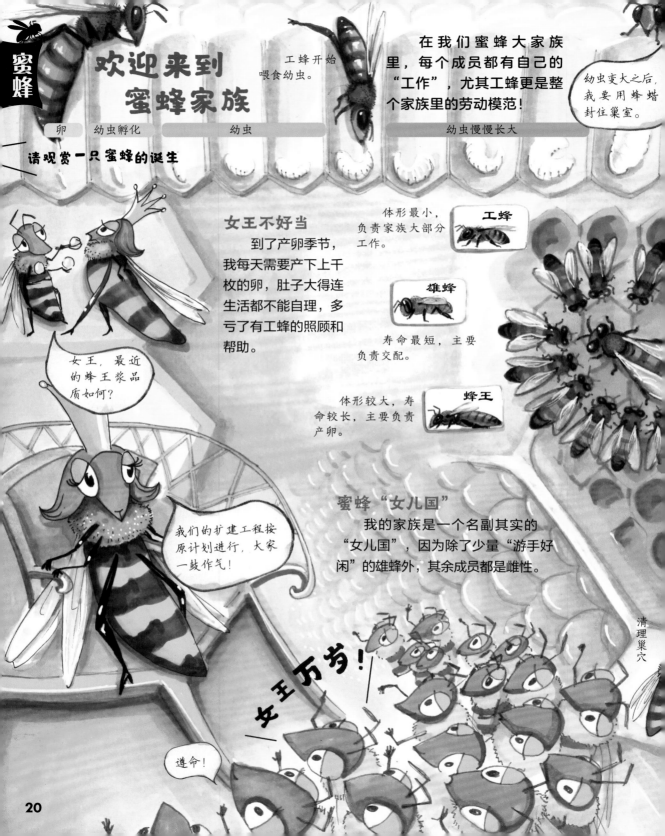

蜜蜂

欢迎来到蜜蜂家族

工蜂开始喂食幼虫。

在我们蜜蜂大家族里，每个成员都有自己的"工作"，尤其工蜂更是整个家族里的劳动模范！

幼虫变大之后，我要用蜂蜡封住巢室。

卵　　幼虫孵化　　　幼虫　　　　　　　幼虫慢慢长大

请观赏一只蜜蜂的诞生

女王不好当

到了产卵季节，我每天需要产下上千枚的卵，肚子大得连生活都不能自理，多亏了有工蜂的照顾和帮助。

体形最小，负责家族大部分工作。

工蜂

寿命最短，主要负责交配。

雄蜂

女王，最近的蜂王浆品质如何？

体形较大，寿命较长，主要负责产卵。

蜂王

我们的扩建工程按原计划进行，大家一鼓作气！

蜜蜂"女儿国"

我的家族是一个名副其实的"女儿国"，因为除了少量"游手好闲"的雄蜂外，其余成员都是雌性。

清理巢穴

女王万岁！

遵命！

20

20天

成虫

未采之星

大约20天后，我就可以脱下蛹壳，去探索外面的世界了。

贴身侍卫

想要接近我，那可不是一件容易的事儿，因为在我身后有一群忠诚的工蜂侍卫保护着我的安全。

工蜂的日常

工蜂们一旦羽化为成虫后，便会立刻投入到工作当中。它们首先会成为"保育蜂"，照顾家族的幼虫，之后会肩负起筑巢、外出采蜜的任务，是家里的顶梁柱！

饲养幼虫

筑巢

保卫家园

采蜜

女王退休

随着幼虫的长大，新的女王蜂会从家族里诞生。这时我就会带着一部分工蜂从巢穴里搬出来，去建立新的王国。这个过程就是人们所说的分蜂。

新女王即将诞生，需要赶紧分蜂。

如果是养殖蜜蜂，养蜂人会提前把新蜂王幼虫的蜂王台取出，放到没有蜂王的箱子中。这样，等新蜂王诞生后就可以在新木箱中建立王国了。

为谁辛苦
为谁甜

蜂蜜是一种古老的甜食，在人类发现蔗糖和甜菜糖以前，蜂蜜是人类唯一的甜味剂，直到现在依然备受欢迎。

单花蜜

百花蜜

蜜源植物种类不同，蜂蜜产生的颜色和味道也不一样！

酿造百花蜜要比单花蜜贵劲儿多了。

营养丰富的蜂王浆

蜂王浆又称蜂乳，含有丰富的蛋白质和维生素。食用蜂王浆的蜂王寿命可以达到几年！

蜂王浆只有蜂王和即将成为蜂王的幼虫可享用。

丰富多样的蜂蜜

来源于一种蜜源植物的蜂蜜叫单花蜜，来源于多种蜜源植物的混合蜜叫杂花蜜或百花蜜，按照生产季节的不同又可分为春蜜、夏蜜、秋蜜和冬蜜。

边采蜜，边授粉

蜜蜂采蜜不仅制造了甜甜的蜂蜜，还为人类创造了大量的美味食物。要是没有这些可爱的授粉功臣，很多植物都无法结出果实。

人们发现在伤口上涂抹蜂蜜有助于伤口的恢复。

谁是大自然中的授粉明星？

风

动物

其他昆虫

水

自然界的植物大部分都是由蜜蜂来帮助完成授粉的！

有人经过计算，一只蜜蜂制造1千克的蜂蜜，来回飞行的路程大约绕地球4圈！

谁在偷吃蜂蜜

蜂蜜的美味在动物界是公认的。除了人类，熊、獾、蜘蛛、甚至连大黄蜂也经常偷食蜜蜂的蜂蜜，蜜蜂对此可是一点办法都没有。

蜂蜜可以给身体补充大量的能量，这正是野生动物所需要的。

谁说旁边那个和我长得一样？

蜜蜂
　　个体小，寿命短，怕冷。

蜜蜂的生产

工蜂将花蜜不停地吸进蜜囊中，又吐出来，经过不知多少次一吸一吐的反复咀嚼后，真正的蜂蜜才能被酿造出来。

低调的优秀授粉者

熊蜂是一个毛茸茸的"小胖子"，它的身体上长有更多的毛发，能粘住更多的花粉。

熊蜂
　　个体大，寿命长，耐寒，是蜜蜂的近亲。

过奖了。

泥蜂的地下巢

泥蜂在筑巢上比较"随意"，略带黏性的黑色沙土是它们的最爱。找到合适的地点后，泥蜂便会直接在地面上挖洞，最终开掘出像隧道一样的巢。

泥蜂会把猎物和卵一起放到巢穴的最里面。

胡蜂的公寓

这个带有美丽波浪花纹的大公寓就是胡蜂的杰作。

这些蜂巢你见过吗

扁头泥蜂的身体呈现出金属光泽的孔雀绿。看着它漂亮的外表，你能想到这是一位捕猎技术高超的麻醉师吗？

蜂类大家族个个都是建筑师！它们建造的巢穴各具特色，让人看了忍不住惊叹！

一只扁头泥蜂正在攻击一只蟑螂。

扁头泥蜂将毒针刺入蟑螂的身体里。

被拖进巢穴的蟑螂，即将成为扁头泥蜂幼虫的美食。

螳螂被成功麻醉了！

蜾蠃的"小泥壶"

蜾蠃（guǒ luǒ）用泥土混合自己的唾液做成一个个小泥球，并拼接形成一个开口狭窄、周身圆润的"小泥壶"，作为自己宝宝的育婴房。

喜欢温暖的"泥水匠"

身材迷人的舍腰蜂使用泥土筑巢，它喜欢将巢穴建在温暖的地方。冒着浓烟的烟囱和阳光能够照射到的墙缝是它们建巢的首选地点。

住在"喇叭"里的无刺蜂

树上怎么长出了"小喇叭"？或许这是无刺蜂的巢穴吧！无刺蜂用工蜂分泌的蜡质混合树胶，将入口筑成了精致的喇叭形状。

舍腰蜂产完卵后会把洞口封闭起来，并在周围堆一些泥土，这样巢穴会更加结实！

轻如薄纸的马蜂窝

马蜂收集树和叶子表面的皮、毛等，与口中的唾液混合，建造出摸起来像纸一样的巢穴！

无刺蜂虽然没有刺，但当遇到攻击时也十分凶猛！它们会倾巢出动，一起对付敌人。

无刺蜂也是传粉蜂种之一，可以为油菜、砂仁、玉米等20多种植物授粉。

25

切叶蜂

比起群居生活，我更喜欢独居，特立独行是我的性格，也是我的生存之道。

"剪刀手"切叶蜂

切叶蜂一般喜欢切割蔷薇科植物的叶子，比如玫瑰、月季等。

雌性切叶蜂发达的头部肌肉可以控制"牙齿"切割叶片。

切叶蜂的房子在哪里？

空心的树木

地下泥土

空心的植物秆

建筑物的缝隙

精湛的切割技术

我的身体就像一只圆规，用后脚当圆心，身子在叶子上转动画圈，便可以切下圆圆的叶子。被切下的叶子是我们用来筑巢的好材料！

蜂过留痕

被切割过的叶片会留下一个半月形的整齐切口。

坚强的妈妈

在我的小家庭里，没有蜂王，只有雄蜂和雌蜂。雄性在交配之后不久便死去，剩下雌蜂妈妈独自承担筑巢、采蜜、繁育后代的重任。

一只切叶蜂带着它切下的叶子飞走了，它要去向哪里呢？

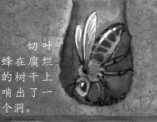

切叶蜂在腐烂的树干上啃出了一个洞。

苜蓿花是切叶蜂喜欢的植物。

开始盖房子

我要把切下来的叶子放进洞穴里，筑成一排蜂房，每个蜂房里都要好几层树叶或花瓣。不多说了，我还得再去找一些叶子。

苜蓿花

切叶蜂也经常光顾一些水果和蔬菜，为它们授粉。

储存室

婴儿房

草木樨

再将切下的叶子带回洞口。

传粉小能手

采集花粉时，我那锋利的"牙齿"就派上用场了，打开花朵、钻进花朵内，花粉粒黏在我的绒毛上。当我携带着这些花粉粒拜访其他花朵时，就把它们传到了花朵的柱头上。

把叶片卷成筒状并将其一端封闭起来。

①

白三叶草

除了苜蓿之外，切叶蜂也经常光顾草木樨、白三叶草、红三叶草等多种豆科牧草，是一名名副其实的优秀传粉者。

红三叶草

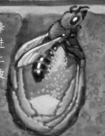

切叶蜂将蜂蜜吐进洞里，身上的花粉也被抖了下来。

再把一粒卵产在上面，并用叶片封闭巢室顶部。

最后，切叶蜂用各种木屑填满整个洞口。

名字里有个"蛾"字，长得也像飞蛾，但我和它们是两种不同的昆虫。我一生最骄傲的事情就是，有一个神童孩子——石蚕！它是个天生的建筑艺术家。

建造水下移动城堡

自力更生的好宝宝

你好，我是石蚕。一出生我就要学会在淡水中独自生活。我得找一些藻类或其他昆虫先填饱肚子。

为了躲避危险，石蚕需要赶紧寻找材料建造属于自己的房屋。它还要对材料的大小、质地进行挑选。

建造艺术家

我要把水中植物的茎叶、沙粒，甚至蜗牛壳等小部件都收集起来，组拼成自己的小房子。平时除了觅食，我都会躲在这个房子里不出来。

口水"混凝土"

你肯定会好奇，这些乱七八糟的材料是如何组在一起的呢？这要归功于我黏性超强的唾液，它可以像"胶水"一样把各种材料黏合在一起。

数一数，这里有多少个小房子？

石蚕的房子是用水中的零碎物品拼成的，所以能很好地融入到环境之中，躲避一些鱼类天敌。

石蚕

蜉蝣

石蝇

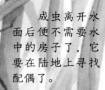

成虫离开水面后便不需要水中的房子了，它要在陆地上寻找配偶了。

天生的水质检查员

生来就爱干净的我，对水的质量十分挑剔。我只能生活在干净的水中，因此荣获"水质检查员"的称号。

石蛾的幼虫生活于各类清洁的淡水中，而蛾子的一生一般都生活在陆地上。

石蛾

咀嚼式口器

蛾

虹吸式口器

小石蚕长大了

几个星期后，我从房子里慢慢探出脑袋，准备顺着草茎爬到水面上去。

送给人类的礼物

一位法国艺术家曾在我的周围放了一些黄金、珍珠、绿松石等材料，我就用它们制造出了一个个美丽的"珠宝黄金屋"。

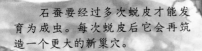

石蚕要经过多次蜕皮才能发育为成虫。每次蜕皮后它会再筑造一个更大的新巢穴。

泡泡里的神秘住户

如果你在野外植物上看到一团团泡沫，别担心，这可能并不是谁吐的唾沫，而是我的保护罩！我的名字"沫蝉"便由此而来。

沫蝉的黏性泡泡绝对不会像肥皂泡那样容易破。

我们的房子连在一起了，变成一大团泡沫！

沫蝉喜欢在卫矛、艾蒿、蔷薇等植物上排泡泡。

沫蝉妈妈把尾部插进枯树枝里产卵，卵宝宝将在这里度过冬天。

泡泡是"拉"出来的

我是一只沫蝉若虫，我腹部的第7、8节的表皮腺体可以分泌一种黏液，这种黏液从尾部排出时再被气门呼出的气体一吹，就形成了泡泡。

繁衍后代

成年后，我会在树上结婚，然后再找一个枯树枝进行产卵。产卵后不久我便会死去。

不怕喝水多

我可以不停地吸食树汁和草汁，而不用担心撑破肚子。因为我能很快过地滤掉汁液中的营养物质，然后排出不需要的部分。

安全的泡泡房

若虫的时候，我没有翅，体壁也不够坚硬，而且走路很慢，很容易被小鸟、蚂蚁吃掉。藏在泡泡里就安全多了。

若虫披着一件泡沫外衣，鸟儿就不会想吃它们了。

这是什么怪味道，里面是有只臭虫吗？！

沫蝉兄弟集合！

在我的家族里，不仅有红肚条纹的沫蝉，还有长着象鼻子的沫蝉。虽然长得略有不同，但我们都会制造泡泡。

星沫蝉　　　　柳沫蝉

象沫蝉　　　红纹沫蝉　　　松沫蝉

跳高选手

长大后的我弹跳力惊人，轻松一蹦就有五六十厘米高，这样的高度是我自身长度的100多倍！曾经昆虫界的跳高冠军——跳蚤遇到我，也只敢称第二。

蜕皮完成后的红纹沫蝉。

起飞！

沫蝉跟蝉长得很像，它们本来就是亲戚，就连吸食树汁的样子也十分相似。

沫蝉的蜕变

我会在泡沫房里经过四次蜕皮。随着体形增大，泡沫团也一天天膨胀，最终成为一枚透亮的液滴。直到羽化的最后时刻我才钻出房子完成蜕变。

蜕皮一次　　蜕皮两次　　蜕皮三次　　蜕皮四次　　长出翅

背着房子去旅行

蓑衣的制作

收集树叶或小树枝。

我叫蓑蛾，你也可以叫我袋蛾。

我小时候可厉害了，背着自己做的"蓑衣"到处旅行，一有动静就钻进小房子里，这可不是胆小，而是谨慎！

吐丝将材料黏在身体上。

不断地黏啊黏。

蓑衣有设计

我做的蓑衣的上面和下面都有个洞，走路和吃叶子的时候，我就从上面的洞里出来，而下面的洞主要用来排便。

粪便

蓑蛾跟古人穿着蓑衣的样子是不是很像？

蓑衣房子终于做好了。

在蓑衣房子里完成蜕变！

钉子形蓑衣

埃菲尔铁塔形蓑衣

金字塔形蓑衣

柴捆形蓑衣

不同种类的蓑蛾会制造不同造型的蓑衣。

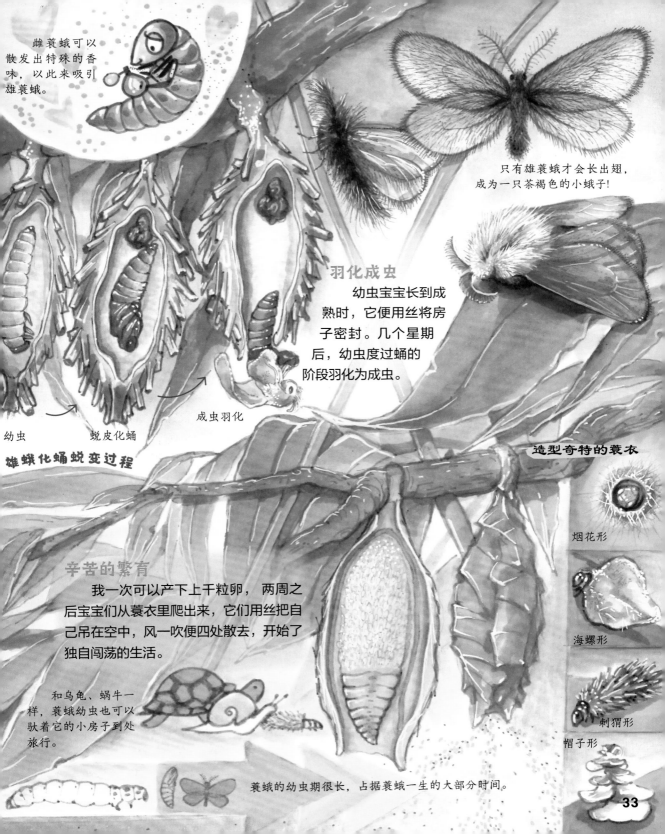

雌蓑蛾可以散发出特殊的香味，以此来吸引雄蓑蛾。

只有雄蓑蛾才会长出翅，成为一只茶褐色的小蛾子！

羽化成虫

幼虫宝宝长到成熟时，它便用丝将房子密封。几个星期后，幼虫度过蛹的阶段羽化为成虫。

幼虫　　蜕皮化蛹　　成虫羽化

雄蛾化蛹蜕变过程

造型奇特的蓑衣

烟花形

海螺形

刺猬形

帽子形

辛苦的繁育

我一次可以产下上千粒卵，两周之后宝宝们从蓑衣里爬出来，它们用丝把自己吊在空中，风一吹便四处散去，开始了独自闯荡的生活。

和乌龟、蜗牛一样，蓑蛾幼虫也可以驮着它的小房子到处旅行。

蓑蛾的幼虫期很长，占据蓑蛾一生的大部分时间。

33

蚊子的家

天气变凉，有幸存活下来的蚊子会寻找临时的"家"让自己安全过冬。

自然界还有许多昆虫并没有固定的巢穴。但是不要担心，聪明的它们总能找到适合自己的"家"。

不会盖房子也有家

其他动物的巢穴。

人类房屋的墙角。

象鼻虫

带水的空瓶子。

星天牛住在树洞里，既能挡风又能遮雨，真是棒极了。

卷叶婴儿房

象鼻虫把叶片卷起，它一边卷，一边在这片叶子的不同位置产卵，将卵安全地裹在里面。

象鼻虫的婴儿房掉进了草丛里。不久后，幼虫就会孵化出来！

星天牛

蝴蝶没有巢穴，一般躲在叶子和花朵的背面休息和躲避雨水。

天气变冷的时候，苍蝇也会找一些废弃的房屋角落，进入冬眠模式。

泥土里的家

地下泥土是许多昆虫天然的"巢穴"。除了蚂蚁之外，蟋蟀、蝼蛄也擅长在泥土里打洞为家。

蝼蛄

蟋蟀

蝉

蝉在若虫的时候也生活在地下。

城市家庭里的"住客"

蟑螂喜欢长期居住在人类的家里，因为这里有充足的食物和水源。在厨房、下水管道、垃圾桶里可以看到它们的身影。

放开我！我要回家！

蟑螂

成年的雄性蟑螂能钻进1.6毫米的墙缝里生活！

1.6mm

别怕，它们都是你的"网"友。

跳蚤

毛发里安家

跳蚤喜欢生活在哺乳动物的毛发间，靠吸食动物的血液为生。

蜘蛛的"牢房"

蜘蛛善于捕捉昆虫，它们编织出细密的大网"牢房"。许多昆虫被困于此，不久后成为它的美食。

蜣螂妈妈还会把粪球放进地洞里，并封上地洞，保证幼虫的安全。

粪球上的家

雌性蜣螂会把团好的粪球顶部留下一个小洞，在小洞里产下一粒卵，这样，粪球就变成了幼虫的巢穴。

蜣螂

35

在花盆里填满干草后倒扣过来，可以吸引蠼螋（qú sōu）。

你听说过"昆虫旅馆"吗

"昆虫旅馆"是类为昆虫搭建的"小寓"。主要采用大自然的材料，按照虫子的活习性制作而成。

较细的空心秸秆为食蚜蝇以及一些膜翅类昆虫提供庇护所。

较粗的空心材料，可以设计类似蜂窝的结构，吸引蜂类。

带有孔洞的木头，是天牛类昆虫喜欢的住所。

另外，昆虫旅馆也欢迎一些非昆虫类生物，一些小动物也喜欢居住在这里！

纸板卷成筒状，就成了蛉、独居蜂的绝佳藏身处。

松果会吸引瓢虫前来居住。

昆虫旅为了提醒我昆虫是人类友，我们要昆虫，保护的生态环境！

底层的瓦砾是为两栖类动物搭建的休息、过冬场所。

36

新昆虫记

破坏王来袭

常凌小◎著　［日］奥田一生◎绘

NEW
RECORDS OF
INSECTS

北京联合出版公司
Beijing United Publishing Co.,Ltd.

图书在版编目 (CIP) 数据

破坏王来袭 / 常凌小著；(日) 奥田一生绘 . 一北
京：北京联合出版公司，2023.4
（新昆虫记）
ISBN 978-7-5596-6622-2

Ⅰ . ①破… Ⅱ . ①常… ②奥… Ⅲ . ①昆虫 – 儿童读
物 Ⅳ . ① Q96-49

中国国家版本馆 CIP 数据核字 (2023) 第 025395 号

新昆虫记
破坏王来袭

出 品 人：赵红仕
项目策划：冷寒风
作　者：常凌小
绘　者：[日] 奥田一生
责任编辑：李艳芬
项目统筹：李春蕾
特约编辑：曹营营
美术统筹：张静翔
封面设计：周　正

北京联合出版公司出版
（北京市西城区德外大街83号楼9层　100088）
艺堂印刷（天津）有限公司印刷　新华书店经销
字数10千字　720×787毫米　1/12　3印张
2023年4月第1版　2023年4月第1次印刷
ISBN 978-7-5596-6622-2
定价：170.00元（全9册）

目录

霸农田、闯果园……这就是我们的"虫生目标"。如果可能，我们想和人类做一次朋友。

蝗虫

蝗虫大军来了

我是蝗虫，俗称蚱蜢，我和小伙伴们成群结队地从远方飞来，我们挥动着翅，准备向农田的方向进攻！

蝗虫薄薄的翅，快速拍打空气，可以发出很大的声音。

唰唰

1889年，红海附近发生了蝗灾。成群的蝗虫像一团行走的乌云，遮住太阳，使大地变黑。

遥远的飞行

为了找到更多的食物，我会不远万里地飞行。我曾经和数千亿只伙伴从非洲来到了亚洲，哪怕是干旱的地方，也要被我们搜刮干净。

一旦准备向远方出发，就没有什么力量能阻止我前进。

蝗虫在热带干旱的地区更为活跃。即使在40摄氏度的温度下，仍然能够正常繁殖。

蝗虫它们最近又飞去哪里了？

谁知道呢？没准哪里享受美食呢！

蟋蟀、蝈蝈虽然和蝗虫的外形差不多，但它们没有远距离飞行的能力，所以不会成灾。

4

蝗虫一天之内就可以吃掉和体重相当的食物。一个普通大小的蝗虫群可多达 **4000万** 只蝗虫，相当于吃掉了上万人的粮食！

蝗群所到之处，几乎不会剩下一点绿色的叶子。

大胃王

远距离飞行不是我的目的，吃遍天下美食才是我的梦想！我的嘴巴像锯一样锋利无比，啃起叶子来十分方便。

吃饭，有的是实力！

农田遭殃

芦苇、水稻、玉米等农作物是我非常喜爱的食物，所以我也只能在反派的路上越走越远了。

— 菜单 —

对付蝗灾有办法

我和兄弟们进攻农田的活动，在历史上常有发生。人们为了消灭我们，可谓是想尽了办法！

在汉朝，人们认为有蝗神存在，于是采取"夜间焚火，边烧边埋。"的方法将蝗虫灭尽。

喷洒农药也是治理蝗虫的一种常用方法。

诗经

《诗经·大田》里记载："去其螟（míng）螣（chéng），及其蟊（máo）贼，无害我田稚。田祖有神，秉畀（bì）炎火。"说的就是用火烧除蝗虫。

在某些国家，居民通过食用蝗虫来减少蝗虫的数量。但是蝗虫有微毒，不要轻易食用哟！

VS

古时候的很多方法对现在而言已经过时了。如今，人们经常利用天敌来消灭蝗虫。

5

在全世界，我的同类有超过 *10000* 种，我们凭借着生存智慧在地球上存在了3亿多年。热带、温带和沙漠地区都是我们曾经生活过的地方。

田野里的小精灵

跳高健将

我的后足又长又结实，一用力，便可以弹跳起来，在昆虫界也算是有名的跳高健将了。

准备姿势

高高跳起

完美下落

比一比谁跳得高

说起跳高，在昆虫界也有许多厉害的"选手"，每年春季，我都会组织大家进行一场跳高比赛。

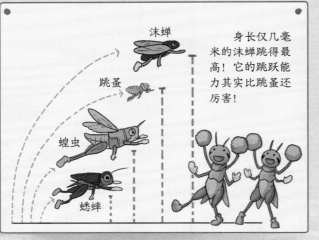

沫蝉

跳蚤

蝗虫

蟋蟀

身长仅几毫米的沫蝉跳得最高！它的跳跃能力其实比跳蚤还厉害！

蝗蝗加油！

蝗虫的后足进化出了极其发达的肌肉，专门用于跳跃。

蝗虫的翅上有许多纹路和凸起，飞行时纹路和凸起出现变形，使得空气能够平滑地从翅的表面流过，提高飞行效率。

蝗虫歌唱家

每到春天，我会用后足摩擦前翅来发出深情的"歌声"，吸引心爱的姑娘。

两幅面孔

当我独自一虫的时候，我的身体是绿色的，性格温和；但当我和成百上千只同伴一起飞行活动时，我就会变成黄褐色，并且十分威猛。

蝗虫的每个腹节上都用来呼吸空气的呼吸孔

雌蝗虫的腹部末端有两对像钩爪一样的"产卵瓣"。

天气一变冷，蝗虫妈妈就会死亡，不久后成为蚂蚁们的美食。

藏在土里的卵

把卵产在地下

这位蝗虫妈妈挖好了一个用来产卵的小洞，她把腹部和身体弯成了一个直角，然后把腹部塞进泥土中，将白色泡沫和卵一起产下。

开始蜕皮。

外皮裂开了，成虫从里面钻了出来。

打开翅晾一晾。

若虫钻出地面。

若虫要经历漫长的4次蜕皮。

昆虫学家法布尔先生曾目睹蝗虫完整地脱下"旧衫"，即使用放大镜也看不出任何由于撕裂而产生的痕迹。

我藏好啦，你能找到我吗？

会变色的"衣服"

为了躲避敌人，我还可以把身体变得和周围环境的颜色一样，这是我的保护色！

名副其实的吃货

我不挑食，植物上的芒刺、田间的野草以及许多不结果实的植物，我都很喜欢。

呱？！你以为你们能逃得掉吗？

在我的天敌眼中，我不是什么跳高健将，也不是唱歌能手，只是一只行走的"蛋白质"而已！

草　老鹰
蝗虫
青蛙
蛇

大受欢迎的美食"诱惑"

蝗虫与食物链

作为一名吃素的虫子，我在食物链中扮演着重要的角色。在这条食物链中，肥美的我成为了青蛙的美餐。

一只青蛙平均每天可以吃掉约50只蝗虫！

行走的"蛋白质"

我的身体内含有大量的营养物质：蛋白质、碳水化合物、昆虫激素以及维生素和微量元素等，那些大块头全都对我爱不释"口"。

红胸斑山鹧因为蝗虫，甚至原来最爱吃的草都忽略了。

螳螂突然张开身体，将被吓傻的蝗虫收作"盘中餐"。

蝗虫不说话，蝗虫心里苦。

蝗虫的半截身子还在壁虎的嘴里！它正享受一顿美味盛宴。

据说给火鸡喂食大量的蝗虫，会使鸡肉的味道更加鲜美。

母鸡喜欢蝗虫，大概是因为蝗虫这种美味的食物可以让它产下更多的蛋。

如果蝗虫掉进了水里，鱼儿也会毫不留情地将它吃掉。

蝗虫的药用价值

　　除了"荣幸"地成为大家眼中的美食外，我的尸体还被人类制成药材，用于治疗破伤风、冻疮等疾病。我自己都不知道我这么有用呢！

歌颂太阳的"音乐家"

　　虽然经常被当作美食，但我依然有自己的爱好。每当遇到阳光明媚的好天气，我都会用后足和翅摩擦奏起音乐来，阳光越炽热，我就动得越欢，我在为太阳歌唱！

太阳出来了，蝗虫开始"哼"起了小曲儿。

讨厌的乌云，遮住了太阳，让蝗虫瞬间没了心情。

乌云走了，蝗虫继续歌唱。

欢迎来到蝗虫家族

　　我的家族十分庞大，大概有上万种，但是对农业生产造成破坏的也就只有60种。除了破坏庄稼，其实，我们都还挺友好的。

长额负蝗　　　　黄胫小车蝗　　　　中华剑角蝗

东亚飞蝗　　　　云斑车蝗　　　　日本鸣蝗

蚜虫的蜜汁生活

我是蚜虫，大家都叫我腻虫。我平时喜欢和一群伙伴聚集在植物上，因为植物的汁液实在是太好喝了。

你的不要过来！

最爱新鲜叶子

没有蝴蝶美丽，也没有蚂蚁有力量，我最大的本领是吸食植物的汁液，有时候能吸上一整天。你可以在植物的叶子下轻易找到我。

植物的嫩茎上有大量的汁液，蚜虫喜欢聚集于此。

喝饱了真舒服，嗝……

甜甜的"粪便"

我的分泌物亮晶晶的，并含有丰富的糖，大家称之为"蜜露"。蚂蚁常常跟在我身后，它可是超级喜欢我分泌的蜜露。

蚜虫排泄的蜜露对植物来说可就不那么友好了，不仅会影响光合作用还会诱发植物煤烟病。

像针管一样的嘴

蚂蚁的口器可以撕咬大块的固体食物。

能够大口大口地吸食汁液，是因为我有着像针管一样的刺吸式口器。你被蚊子吸过血吗？蚊子拥有和我一样的口器。别慌，我又不会吸你的血。

刺吸式

咀嚼式

蜜蜂不仅有可用作咀嚼的大颚，还有用来吸食花蜜的口器。

蝴蝶有一条能弯曲和伸展的口器，可以吸食到花管底部的花蜜！

苍蝇的口器像个吸盘。

嚼吸式

舐吸式

虹吸式

刺吸式口器只能吸食液体，不能取食固体食物，真是美中不足啊。

麦蚜

球蚜

菜蚜

苹蚜

蚜虫家族大聚会

我们蚜虫家族的"门派"可不少，目前已经被发现的就多达几千种。今天就向你介绍几种常见的蚜虫同伴吧！呃……虽然有时我们会不小心伤到人类的农作物，但真不是故意的呢。

月季蚜

棉蚜

蚜

马铃薯长管蚜

11

令人惊叹的生存法则

千万别给我贴上只会吸食汁液的标签。为了能在大自然中生存，我还进化出了许多不为人知的本领。

在蚜虫的世界里，雌性蚜虫数量远远超过雄性。

蚜虫在气温29摄氏度左右时繁殖最快。

我们都长得像妈妈，跟复制粘贴的一样。

雌性蚜虫一生下来就能够生育。

惊人的繁殖能力

一般虫子想要繁殖后代，必须经过雌虫和雄虫的共同努力，而我们蚜虫就不用那么费事儿了，蚜虫妈妈自己就能完成繁殖的重任。

蚜虫变装秀

我是豌豆蚜，让我来为你表演一场变装秀吧。当处于寒冷的环境时，我的体色为绿色，一飞到温暖的地区我就变为了红色。

植物通过光合作用可将二氧化碳和水转化为有机物，并释放出氧气。

O_2

像植物一样进行光合作用

在大部分动物只能通过食物来获取类胡萝卜素的时候，我可以像植物一样通过光合作用，实现自给自足！

类胡萝卜素含量

不同颜色的蚜虫，体内的类胡萝卜素含量不同。

几只蚂蚁把蚜虫"圈养"起来。

蚂蚁将蚜虫带到植物鲜嫩的树梢上。

蚂蚁像挤牛奶一样收集蚜虫的蜜露。

和蚂蚁是好朋友

虫子的世界也讲究社交。我经常得到蚂蚁的照顾，礼尚往来，我也会将蜜露馈赠给蚂蚁，就这样，我们成为了盟友。

住进蚂蚁家里

我的天敌有很多，尤其是瓢虫那家伙。一只瓢虫一天可以吃掉上百只蚜虫，还好有蚂蚁姐姐出手相助。天气变凉的时候，蚂蚁就把我的卵带进它的巢穴里，躲避严寒。到了春天，孵化出的幼虫还会再被搬运到植物上。

如果有蚜虫的天敌过来，蚂蚁会毫不留情地将它赶走。

唉？是下雨了吗？！

食蚜蝇的幼虫也是捕食蚜虫的专家。

蚜狮擅长捕食蚜虫。有趣的是，它经常把吃剩下的蚜虫躯壳驮在背上伪装自己，吓唬敌人。

蚜灰蝴蝶将自己的卵产在蚜虫所寄生的植物身上，当幼虫孵化后便会吃掉蚜虫。

13

一只成年豌豆象正在取食豌豆的花蜜。

豆子里的神秘来客

如果你在刚结荚的豌豆周围看见几只飞来飞去的小虫子，那么遇见的或许就是我。我是一种寄生在豆子里的虫子——豆象。

天然的卵房

妈妈喜欢把卵产在豆荚的表面，这样孵化出的幼虫可以钻进豆粒，一出生就能吃到新鲜的豆子。

这个是我的地盘！

一般1粒豆内仅有1只幼虫。

幼虫在化蛹前，会先将豆粒种皮咬出一个圆形的羽化孔。

看！这就是长大后的我。

找一个地方越冬

长大后的我没法像幼虫那样生活在豆荚里，我需要找一个隐蔽温暖的地方度过整个冬天，比如……下面的这些犄角旮旯（gā lá）。

起飞，出门远游

晴朗的下午，我喜欢出来活动，去远处寻找新鲜的食物，有时一不小心就飞行到了几千米外。

被豆象"占领"的豆荚一般气味难闻，而且不能食用。

贮藏室缝隙

疏松的泥土

树皮裂缝

田间遗株

包装物

忙碌的五月

五月中下旬是我的产卵盛期，我会在7~9天内产下700~1000颗卵！

槽糕，被小蜂盯上了

如果不幸被小蜂盯上可就完蛋了，它们会把卵产在我的卵或者幼虫身上。小蜂孵化后，我的幼虫就会被吃得一干二净！

嗨，我是大豆象

我是喜欢寄生在大豆里的大豆象，豌豆象是我的亲戚。虽然我们看起来长得很像，但还是有细微的区别的。

大豆象形似豌豆象，最显著的区别是鞘翅上没有白斑。

豌豆象　　　大豆象

贴心的另一半

豆象妈妈产卵时经常会口渴难耐，作为爸爸的我需要给媳妇儿送水喝，这是一名好丈夫应该做的。

受到大豆象侵染的豆子能在水上漂浮。

我们的旅行要开始了，向下一个豆子天堂出发！

15

绿豆象

豆象大家族

我们豆象家族种类繁多，几乎"霸占"了所有种类的豆子，人们经常称我们为豆子里的"小毛贼"。

田间的雌虫正在豆荚上产卵。

绿豆象的最适生存温度为22～29.5℃。

不专一的吃货

虽然我叫绿豆象，但我的寄主植物可不止绿豆。小豆、豇豆、菜豆，就连莲子也是我的小"城堡"！

钟情一豆

与绿豆象比起来，我们蚕豆象可就专一多了！蚕豆是我们唯一的寄主植物，其他种类的豆子我可看不上。

被蚕豆象"入侵"的蚕豆色泽会变黑。

躲过一劫

我们的天敌有茧蜂、赤眼蜂等，它们十分凶猛，经常打得我措手不及！还好我可以通过假死来躲过一劫。

蚕豆象

蚕豆象的飞翔力和耐饥力都非常强，但是抗寒力很弱。

与咖啡相伴

我是咖啡豆象，来自于印度，主要分布于热带、亚热带地区，后来被传播至各地。我一般寄生在可可豆或咖啡豆上。

咖啡豆象

咖啡豆象的雌虫产卵时，先用"鼻子"凿一个小孔，然后在孔内产一粒卵。

卵、幼虫、蛹一般在一粒咖啡豆内发育，直到长成成虫爬出咖啡豆粒。

在适宜的温度和湿度下，咖啡豆象在玉米内57天就可以完成一代！

玉米、薯干、植物性药材也是咖啡豆象的最爱。

越来越难寻的"房子"

人类为了让我远离他们的豆子，除使用药物外，还想出很多让我意想不到的方法！找"房子"真是越来越难了。

精选没有蛀虫的豆种播种。

把豆子放在日光下暴晒，可以有效地防治豆象。

豆象大家族服装大赏

豆象有约1000个种类，它们鞘翅毛上常形成各种斑纹。

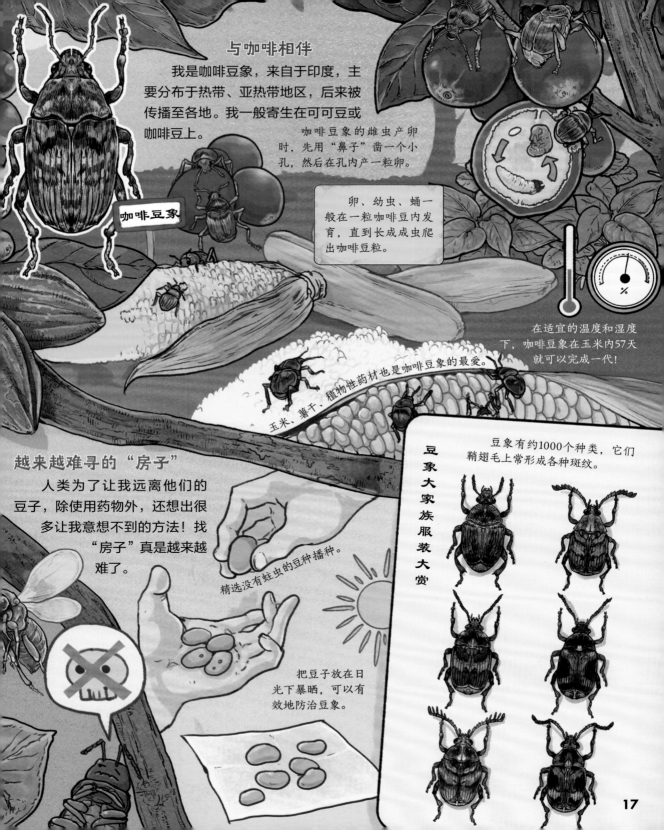

果园里的水果杀手

如果你在水果周围看见一只形似胡蜂的小虫子，千万不要恐慌，你看到的很可能是我——实蝇。虽然我长得像胡蜂，但从不蜇人。

果肉产房

我喜欢把卵产在果实里，因为果肉中含有丰富的营养，足以让宝宝健康地长大。

雌虫的腹部末端有用于产卵的产卵器。

实蝇的一生

成虫 · 卵 · 幼虫 · 蛹

实蝇	麻蝇	胡蜂

小型"胡蜂"

我和胡蜂长得很像，但身体大小却跟麻蝇差不多。胡蜂比我们大多了。

看到了吗？实蝇产卵后会在果实表面留下黑色的产卵孔，切开后呈现水柱状。

成虫羽化的时间一般在晴天中午前后。

钻进泥土过冬

幼虫在果实内发育成熟后，会钻进泥土里化蛹。等到来年春天，就会长出翅，飞出巢穴了。

被实蝇严重蛀食的果实会大量脱落。

春天终于来了，大家等等我！

灌木叶子的背面也有栖息着的实蝇。

今日菜单

丰富的菜谱

今天吃点什么呢？柑橘、苹果、无花果、樱桃、苦瓜……谢谢你，果农，给我们种出了这么多种食物。什么？不是给我的？我不信！

找一个温暖的地方

好冷啊，每当天气转凉的时候，我就不得不离开果树飞到温暖的地方，有时聚集在建筑物的角落，有时闯进人类的家里。

实蝇具有趋光性，喜欢聚集在有光源的地方。

终于找到新鲜的果实了。

出门远行

虽然我的身体小小的，但也具有长距离迁移的本领。为了寻找到更加适宜的生存环境，我可以远距离飞行几十千米！

咦，这里的果实怎么不见了！

有时也碰壁

农民伯伯为了防止我破坏果园里的果实，通常会给每个果子套上保护袋。唉，我又吃不到了！

实蝇只喜欢入侵新鲜的果实。

我们不一样

很多人也经常把我和果蝇混为一谈，实际上我们是两种不同的昆虫！果蝇的体形更小，只有3~4毫米！

果蝇喜欢落地后或者腐烂的水果。

实蝇　　　果蝇

棉铃虫来啦

我是一只棉铃虫，大家也喜欢叫我青虫、钻桃虫。我平时主要生活在棉田里，有时会待在嫩叶间，有时跑到花蕾上，有时又会钻进棉铃里……

作为夜蛾科的一种，长大后的我也将拥有一双美丽的翅。不过化蛹前，我要先钻进泥土里，等待蜕变的那一天。

新鲜嫩叶最美味

我是一只刚孵化的幼虫，正在大口大口地啃食新鲜的嫩叶，妈妈总夸我是一个吃嘛嘛香的乖宝宝。

铃虫进入泥土大约9~15天之后便可以长出翅。

长大后的成虫昼伏夜出，傍晚开始活跃。

幼虫的体表还布满褐色的小刺，真是时尚。

成虫跑到植物上吸食花蜜。

体色多变的幼虫

绿色、淡绿色、黄色、紫色……我们的体色十分多样，体色的变化跟吃的食物颜色有关。你可以猜猜大家今天吃了什么晚餐？

低调的吃货

　　虽然我的名字是棉铃虫，但这并不代表我仅仅寄生在一种植物上。在一些蔬菜和其他农作物上你也可以看到我大吃特吃的身影。

幼虫将葵花的叶片咬出孔洞，还钻进花盘里蛀食。

多吃蔬菜水果，对身体好呀。

超强的生存能力

　　光靠吃还不够，为了生存我们也进化出了更多适应环境的能力。

快速产生抗药性。

长距离迁飞。

高温、雨水多的年份更有利于棉铃虫的生长。

果园小帮手

　　我们可以吃掉果园中的大量杂草，也算是为人类做些小小贡献。杂草的残枝败叶以及我们的粪便、尸体能够给果树提供养分，促进果树高产。

咔嚓~
咔嚓~

我们这算是将功补过了吧。

救我!

棉铃虫还是许多候鸟的食物，对候鸟保护起到一定的作用。

21

很高兴认识你！我是介壳虫。

身披铠甲的"吸食器"

穿着厚厚的蜡质介壳，安静地趴在树枝上，是我留给大家的第一印象。其实我们也不是不会爬行和飞翔，只是懒得动而已。

像贝壳一样的"铠甲"

我的身体中长有蜡腺，在刺吸植物的同时能分泌出蜡质，脱皮后就渐渐形成了介壳。

被吸食过的枝叶变得枯黄，果实也会出现斑点。

假装不会动

表面上我好像待在那里一动不动，但我的口器早已刺入植物的枝干，正咕咚咕咚地吸食汁液呢。

吹绵蚧的雌虫通常把卵产在厚厚的铠甲下。

介壳虫的繁殖能力很强，1只介壳虫每年可以繁殖约 **12万** 只幼虫！

伟大的妈妈

更厉害的是，介壳虫妈妈还可以孤雌繁殖。也就是说，即便只有一只雌性个体，依然能够繁殖出一个介壳虫兵团。

你能看出它们的一生有什么不同吗？

雌虫　卵　→　幼虫　→　成虫

雄虫　卵　→　幼虫　→　蛹　→　成虫

雌雄有别

风力传播

飞喽！

大风可将介壳虫从一棵树吹到另一棵树。

介壳虫随着落叶进入江河，借水流漂送到远地。

水流传播

动物传播

蚁类因取食介壳虫的蜜露，也往往会传带介壳虫。

草蛉、瓢虫等取食介壳虫时，部分介壳虫的卵或幼虫会附着在它们的身上，当它们活动时，介壳虫就会被带到其他地方了。

去旅行啦

　　由于体形的限制，爬行和飞行能力其实是我的短板，所以我大部分时间只能待在植株上。还好，我可以借助大自然和人类的力量搭"顺风车"进行远游。

人为传播

　　人为传播是介壳虫的主要传播方式。各种农事操作可以造成介壳虫在植株间、田块间传播蔓延。

我发现新大陆啦

吹绵蚧原产地是澳大利亚，之后随人类活动，逐渐蔓延至世界各国。

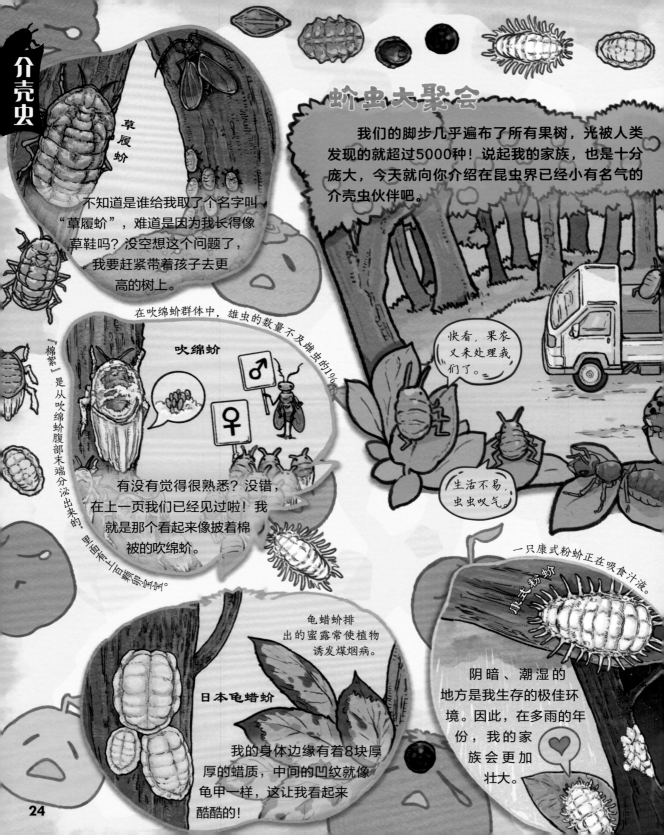

草履蚧

不知道是谁给我取了个名字叫"草履蚧"，难道是因为我长得像草鞋吗？没空想这个问题了，我要赶紧带着孩子去更高的树上。

蚧虫大聚会

我们的脚步几乎遍布了所有果树，光被人类发现的就超过5000种！说起我的家族，也是十分庞大，今天就向你介绍在昆虫界已经小有名气的介壳虫伙伴吧。

快看，果农又来处理我们了。

生活不易，虫虫叹气。

吹绵蚧

在吹绵蚧群体中，雄虫的数量不及雌虫的1%。

「棉絮」是从吹绵蚧腹部末端分泌出来的，里面藏上百颗卵宝宝。

♂ ♀

有没有觉得很熟悉？没错，在上一页我们已经见过啦！我就是那个看起来像披着棉被的吹绵蚧。

一只康式粉蚧正在吸食汁液。

康式粉蚧

阴暗、潮湿的地方是我生存的极佳环境。因此，在多雨的年份，我的家族会更加壮大。

龟蜡蚧排出的蜜露常使植物诱发煤烟病。

日本龟蜡蚧

我的身体边缘有着8块厚厚的蜡质，中间的凹纹就像龟甲一样，这让我看起来酷酷的！

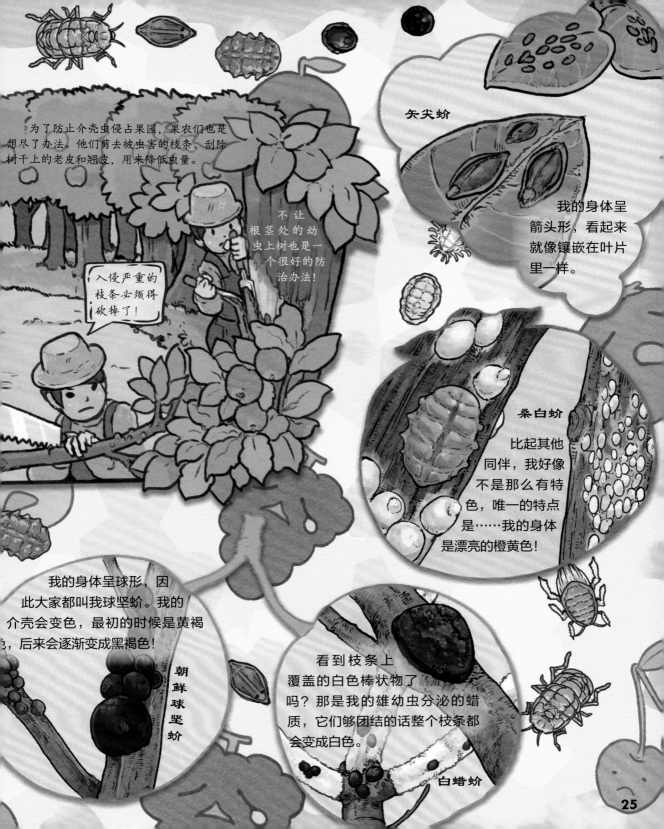

为了防止介壳虫侵占果园，果农们也是想尽了办法。他们剪去被虫害的枝条、刮除树干上的老皮和翘皮，用来降低虫量。

不让根茎处的幼虫上树也是一个很好的防治办法！

入侵严重的枝条必须得砍掉了！

矢尖蚧

我的身体呈箭头形，看起来就像镶嵌在叶片里一样。

桑白蚧

比起其他同伴，我好像不是那么有特色，唯一的特点是……我的身体是漂亮的橙黄色！

我的身体呈球形，因此大家都叫我球坚蚧。我的介壳会变色，最初的时候是黄褐色，后来会逐渐变成黑褐色！

朝鲜球坚蚧

看到枝条上覆盖的白色棒状物了吗？那是我的雄幼虫分泌的蜡质，它们够团结的话整个枝条都会变成白色。

白蜡蚧

受到侵害的嫩叶已经萎缩变形了。

斑衣蜡蝉将口器深深刺入植物组织中吸取汁液。

排出的蜜露会诱发植物发生煤烟病。

被斑衣蜡蝉吸食过的枝干开始干枯、开裂。

一只若虫正将体内多余的糖分即排泄出来，这种糖分就是我们常说的蜜露。

"花姑娘"闪亮登场

我是身穿斑点大衣的斑衣蜡蝉，在民间大家都称呼我为"花姑娘""花蹦蹦"。长得美丽是天生的，但妈妈总对我说，想要生存还需要聪明的脑袋。

臭椿是我家

在绿化树种中，我最喜欢臭椿树了，每年4月椿树发芽的时候，我都会和伙伴们在树上聚餐。

它们都说我长得像龙虾。

成虫

卵

1龄若虫

斑衣蜡蝉的一生会经历卵、若虫和成虫3个阶段。而且不同阶段的样貌会发生很大的变化。

4龄若虫

2龄若虫

3龄若虫

斑衣蜡蝉的一生

华丽的蜕变

为了蜕变成一只美丽的"花姑娘"，我从躯壳中缓缓钻出。鲜红色的躯体、时尚的波点大衣，让我充满了自信。

魔镜魔镜，快告诉我谁是世界上最美丽的虫子？

成虫身穿灰底黑斑的"波点裙"，看起来时尚极了。

这位伟大的妈妈正在树干上产卵。

26

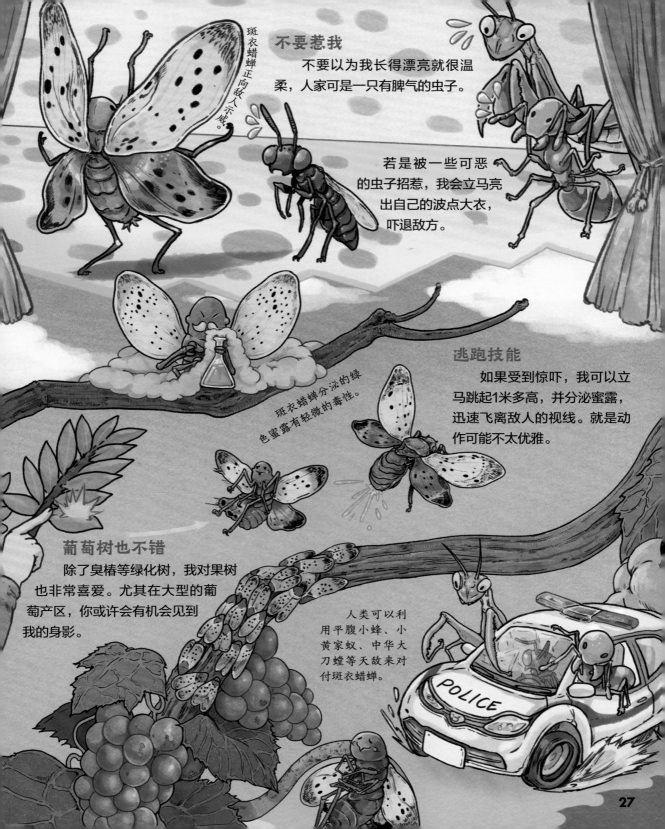

不要惹我

不要以为我长得漂亮就很温柔，人家可是一只有脾气的虫子。

若是被一些可恶的虫子招惹，我会立马亮出自己的波点大衣，吓退敌方。

斑衣蜡蝉正向敌人示威。

斑衣蜡蝉分泌的绿色蜜露有轻微的毒性。

逃跑技能

如果受到惊吓，我可以立马跳起1米多高，并分泌蜜露，迅速飞离敌人的视线。就是动作可能不太优雅。

葡萄树也不错

除了臭椿等绿化树，我对果树也非常喜爱。尤其在大型的葡萄产区，你或许会有机会见到我的身影。

人类可以利用平腹小蜂、小黄家蚁、中华大刀螳等天敌来对付斑衣蜡蝉。

POLICE

27

我喜欢在龙眼树上寄居生活，所以大家都叫我龙眼鸡。墨绿色的迷彩衣、上翘的火红"长鼻子"是识别我的主要特征。

龙眼鸡

鼻蜡蝉

同样拥有长鼻子的还有我——鼻蜡蝉，不同的是，我的鼻子上还有突出的小点，看起来就像一根狼牙棒！

蜡蝉科盛产各种"妖魔鬼怪"，如果我把长相奇特的蜡蝉兄弟们叫到一起来，那场面简直就是"百鬼夜行"！

龙头虫

提灯蜡蝉

虽然我的外表看上去十分凶猛，但我和提灯蜡蝉一样，拟态出的"龙头"也只是吓吓敌人而已。

蜡蝉小怪兽们来袭

模仿鳄鱼我可是认真的！为了迷惑敌人，我的头部长出了形似鳄鱼的眼状凸起和"牙齿"。

实际上提灯蜡蝉的"鳄鱼头"是空心的，并不能像鳄鱼一样捕食猎物。

象蜡蝉

你好，我们是拥有尖鼻子的象蜡蝉。各种彩色外衣与我圆锥形的身材简直绝配！

我的脑袋又小又窄，复眼却极大，每当向前方看时，一不小心就成了斗鸡眼。但当看向其他方向时，眼神就不再"聚焦"了。

在象蜡蝉中也有一种长相例外的弥象蜡蝉，它的模样酷似"长鼻子"的小蚱蜢。

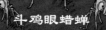

斗鸡眼蜡蝉

茶树上的小霸主

我是生活在茶树上的小绿叶蝉，我的身体其实只有几毫米……你在书上看到的我是被放大很多倍的我。

有时人们也叫我叶跳虫。

身手敏捷

为了不成为螳螂的猎物，我进化出了弹跳的本领，可以迅速远离敌人视线。

我还有一个十分好听的小名——浮尘子。

叶蝉不是蝉

虽然我长得像蝉，但是身体却比蝉小得多，站在高大的蝉姐姐面前，我就像一只绿色的蚊子。

蝉

叶蝉

被小绿叶蝉占领的叶片会慢慢变得枯黄。

卵

成虫

若虫

叶蝉妈妈会把卵产在植物嫩茎的组织里。

叶蝉的时装秀

我的家族十分庞大，全世界有1万多种。它们身穿绚丽的油画外衣，正在进行一场时装表演节目。

欢迎大家来到叶蝉时装秀现场！

各种彩色外衣加上黑色斑点的装饰，让叶蝉们看起来酷酷的，简直是昆虫界的时尚大师！

做一杯好茶

人们想喝到香气迷人的东方美人茶，必须得有我的帮忙！因为我的唾液与茶叶中的酵素能混合出一种特别的香气。茶叶被我叮咬得越严重，产生的香味也更浓厚。

虫生如茶

不怕雨打

除了拥有使茶叶变香的魔力外，我还能分泌一种蛋白微粒，这种蛋白微粒可以隔绝水分，这样即使在潮湿的环境下我依然可以保持身体的干燥。

叶蝉的隐身术

蛋白微粒还有另一种重要功能！它可以吸收高达99%的入射光，几乎没有反射。这样，天敌接收不到光反射，我就"隐身"了！

31

阿嚏！谁在说我？

小身体有大本领

听到我的名字"蓟（jì）马"是不是觉得我很高大？完全不是！真实的我只有1毫米左右，比叶蝉还小呢！

蓟马是既能两性生殖又能孤雌生殖的昆虫。

蓟马小时候的体色是黄色的，长大后就会变成黑色！

看，有好多只若虫正在叶子的背面取食叶肉，等到它们成熟后便会进入伪蛹期，跑到泥土里化蛹。

卵　　若虫　　伪蛹

蓟马的一生

成虫

蓟马繁殖极快，从卵到成虫仅需14天。

与植物为伴

我的一生大部分都生活在植物上，靠取食植物的新叶、嫩芽、花器和幼果的汁液生存。

喜欢蓝色

大多数昆虫都具有趋黄性，而我却对蓝色情有独钟。如果你在我的周围放上几张不同颜色的板子，我会不知不觉地飞到蓝色板上。

独特的口器

取食的时候，我会先把叶子的表皮撕开。因此，被我"光临"过的叶子会呈现出灰白色或者银灰色。

各部分都不对称的锉吸式口器可以轻易地将叶子表皮细胞破坏。

蓟马的翅十分狭长，边缘有许多长而整齐的缨状缘毛，看起来就像天鹅的绒毛一样。

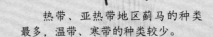

走向世界

除了两极外，我们的身影
几乎遍布全球，寄生在各个国
家的瓜果蔬菜上。但我猜，你
们人类肯定不想见到我们吧。

我们的寄
主植物多
达数百种。

有一种菌食
性蓟马，它们生
活在森林的枯枝
落叶中，依靠取
食真菌孢子和菌
丝为生。

烟蓟马

我是烟蓟
马，又叫棉蓟
马、葱蓟马，
主要寄生在
棉、烟草以及
各种果树上。

西花蓟马

我是西花蓟马，平时
我更喜欢待在花瓣里。

捕猎也不是不行

和大多数吃素的伙伴不
一样，我可是捕食性蓟马。
蚜虫、粉蚧、红蜘蛛等小型
动物都是我的食物！

猎杀时刻
终于来了！

蚜虫

红蜘蛛

粉蚧

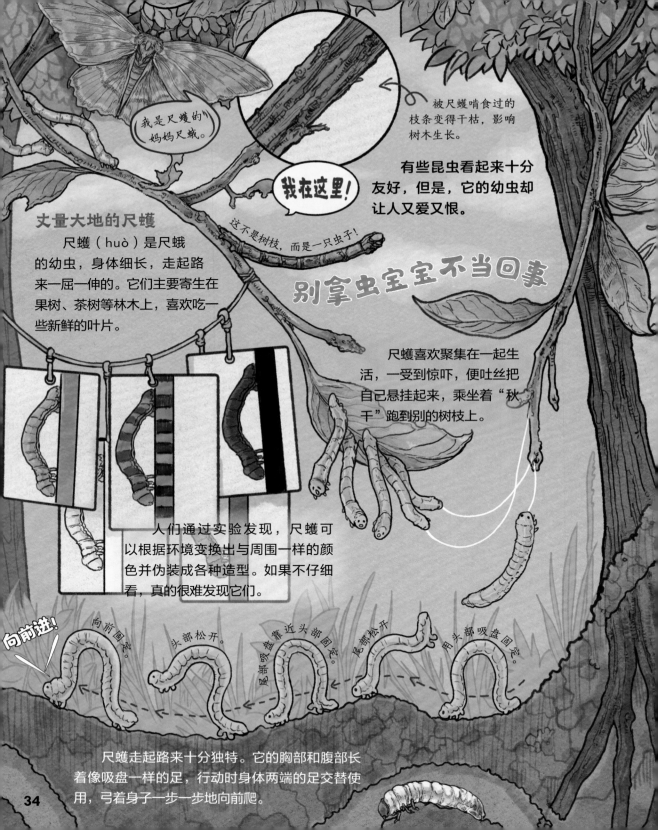

我是尺蠖的妈妈尺蛾。

我在这里!

被尺蠖啃食过的枝条变得干枯,影响树木生长。

有些昆虫看起来十分友好,但是,它的幼虫却让人又爱又恨。

这不是树枝,而是一只虫子!

丈量大地的尺蠖

尺蠖(huò)是尺蛾的幼虫,身体细长,走起路来一屈一伸的。它们主要寄生在果树、茶树等林木上,喜欢吃一些新鲜的叶片。

别拿虫宝宝不当回事

尺蠖喜欢聚集在一起生活,一受到惊吓,便吐丝把自己悬挂起来,乘坐着"秋千"跑到别的树枝上。

人们通过实验发现,尺蠖可以根据环境变换出与周围一样的颜色并伪装成各种造型。如果不仔细看,真的很难发现它们。

向前进!

向前固定。

头部松开。

尾部吸盘靠近头部固定。

尾部松开。

用头部吸盘固定。

尺蠖走起路来十分独特。它的胸部和腹部长着像吸盘一样的足,行动时身体两端的足交替使用,弓着身子一步一步地向前爬。

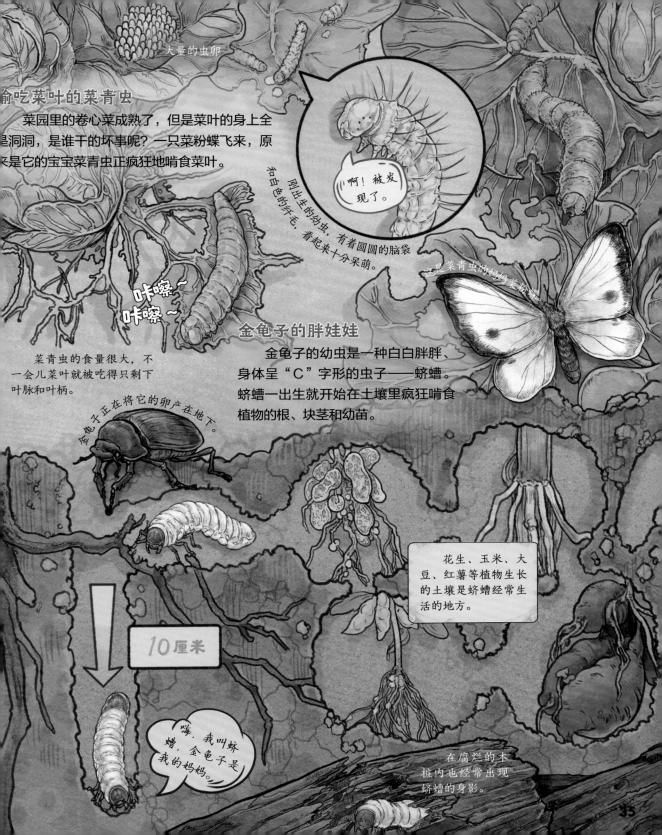

大量的虫卵

偷吃菜叶的菜青虫

菜园里的卷心菜成熟了，但是菜叶的身上全是洞洞，是谁干的坏事呢？一只菜粉蝶飞来，原来是它的宝宝菜青虫正疯狂地啃食菜叶。

啊！被发现了。

刚出生的幼虫，有着圆圆的脑袋和白色的纤毛，看起来十分呆萌。

这是菜青虫的妈妈菜粉蝶

咔嚓~
咔嚓~

菜青虫的食量很大，不一会儿菜叶就被吃得只剩下叶脉和叶柄。

金龟子的胖娃娃

金龟子的幼虫是一种白白胖胖、身体呈"C"字形的虫子——蛴螬。蛴螬一出生就开始在土壤里疯狂啃食植物的根、块茎和幼苗。

金龟子正在将它的卵产在地下。

花生、玉米、大豆、红薯等植物生长的土壤是蛴螬经常生活的地方。

10厘米

嗨，我叫蛴螬，金龟子是我的妈妈。

在腐烂的木桩内也经常出现蛴螬的身影。

35

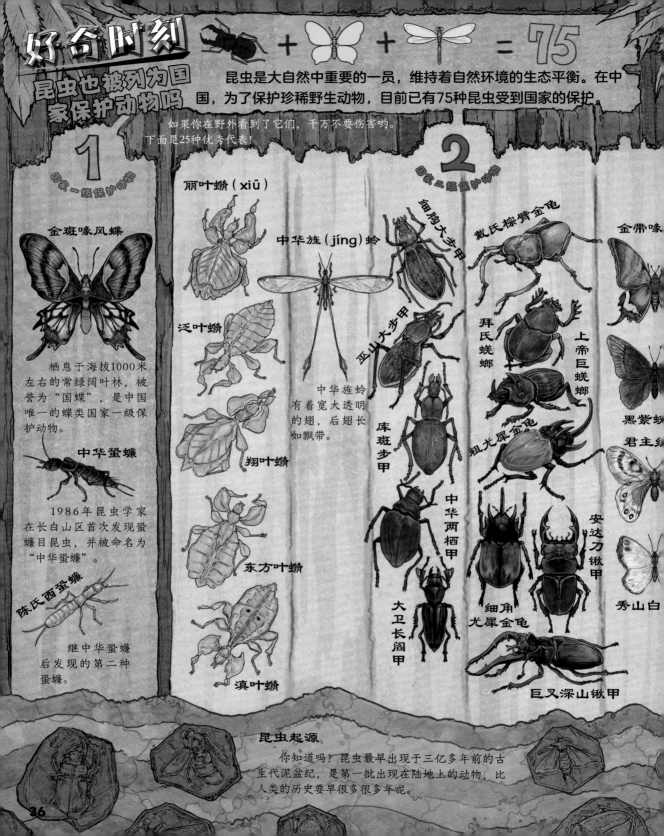

好奇时刻

昆虫也被列为国家保护动物吗

昆虫是大自然中重要的一员，维持着自然环境的生态平衡。在中国，为了保护珍稀野生动物，目前已有75种昆虫受到国家的保护。

如果你在野外看到了它们，千万不要伤害哟。
下面是25种优秀代表！

1 国家一级保护动物

金斑喙凤蝶

栖息于海拔1000米左右的常绿阔叶林，被誉为"国蝶"，是中国唯一的蝶类国家一级保护动物。

中华蛩蠊

1986年昆虫学家在长白山区首次发现蛩蠊目昆虫，并被命名为"中华蛩蠊"。

陈氏西蛩蠊

继中华蛩蠊后发现的第二种蛩蠊。

2 国家二级保护动物

丽叶䗛（xiū）

泛叶䗛

翔叶䗛

东方叶䗛

滇叶䗛

中华旌（jīng）蛉

中华旌蛉有着宽大透明的翅，后翅长如飘带。

细胸大步甲

巫山大步甲

库班步甲

中华两栖甲

大卫长阎甲

戴氏棕臂金龟

拜氏蜣螂

上帝巨蜣螂

粗尤犀金龟

细角尤犀金龟

安达刀锹甲

巨叉深山锹甲

金带喙凤蝶

黑紫蛱蝶

君主绢蝶

秀山白绢蝶

昆虫起源

你知道吗？昆虫最早出现于三亿多年前的古生代泥盆纪，是第一批出现在陆地上的动物，比人类的历史要早很多很多年呢。

ENCYCLOPEDIA

新昆虫记

小心无敌"饿"霸

常凌小◎著　〔乌克兰〕达莎·苏博蒂娜◎绘

北京联合出版公司
Beijing United Publishing Co.,Ltd.

图书在版编目 (CIP) 数据

小心无敌"饿"霸 / 常凌小著；(乌克兰) 达莎·
苏博蒂娜绘 . —北京：北京联合出版公司 , 2023.4
（新昆虫记）
ISBN 978-7-5596-6622-2

Ⅰ . ①小… Ⅱ . ①常… ②达… Ⅲ . ①昆虫 – 儿童读
物 Ⅳ . ① Q96-49

中国国家版本馆 CIP 数据核字 (2023) 第 025404 号

新昆虫记
小心无敌 "饿" 霸

出 品 人：赵红仕
项目策划：冷寒风
作 者：常凌小
绘 者：[乌克兰] 达莎·苏博蒂娜
责任编辑：李艳芬
项目统筹：李春蕾
特约编辑：李 晨 韩 蕾
美术统筹：纪彤彤
封面设计：段 瑶

北京联合出版公司出版
（北京市西城区德外大街83号楼9层 100088）
艺堂印刷（天津）有限公司 新华书店经销
字数10千字 720×787毫米 1/12 3印张
2023年4月第1版 2023年4月第1次印刷
ISBN 978-7-5596-6622-2
定价：170.00元（全9册）

目录

被抓到了……

滚粪球、啃桑叶、打扰人类……虽然我们手段很多，但目标只有一个——好好吃饭，谁也别想拦！翻开下一页，看看我们为了吃而奋斗的"虫生"吧。

好奇时刻

翻滚吧，臭臭使者

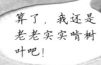

蜣螂

很高兴见到你，我是一只蜣螂，我可不像其他昆虫那样只喜欢吃甜甜的花蜜与清脆的树叶，便便才是我的最爱。

算了，我还是老老实实啃树叶吧！

要不要尝尝我的美食！

银木果灯草种子的气味也臭臭的，因此总会被蜣螂误以为是粪便并将其滚走。

哪个才是真的？

独特的食物喜好

人们给我起了个不好听的名字——屎壳郎。虽然不喜欢这个名字，但我的确一闻到粪便的味道就会被吸引。

蜣螂通常会将头朝下倒着滚粪球。

头部前面形成了扇面形的"铲"能收集粪粒。

滚粪球小能手

我是家族中的滚粪球高手。面对一坨看起来新鲜、气味纯正的便便时，我会用中、后足把它压在身体下，搓动、旋转、不停地捏挤。不一会儿，粪便就被"咕噜咕噜"地滚成一个球。

前足胫节适于挖掘，是搬动障碍物的利器。

中足和后足是加工粪球的工具。

便便王牌鉴定官

汪！这坨便便的气味更纯正！

本店所有商品均由**便便**制造

镇店之宝：便便盲盒

鼻子灵大哥　　蜣里个螂　　下水道冠军　　嗡嗡怪

当然，我们蜣螂还有不少爱好相似的动物朋友，它们都对便便情有独钟，并且对便便有着十分深入的研究。

4

白天，蜣螂会测定太阳偏振光来为自己导出一条直线路径。

夜间，蜣螂能利用月光偏振现象进行定位，以帮助取食。

蜣螂需要滚着粪球沿直线前进，这样可以保证它们不会返回原地。

艰难的旅途

圆圆的粪球做成后，搬运粪球的旅行就开始了。无论有什么东西阻挡在面前，我都会沿着直线不停地前进，但要是碰上险峻的斜坡可就不妙了，一不小心滚下坡，之前的努力可就白费了。

蜣螂是世界上力气最大的昆虫之一，据说它可以推动比自己重 850 倍左右的物体。

粪球也是"冰鞋"？

我有一些生活在炎热地区的同伴，为了避免被地面烤熟，它们会爬上粪球降温。因为粪球中含有水分，遇热蒸发后会变得凉爽。

难道粪球里藏了冰块？

不好，要摔下去了！

咕噜咕噜……

D?!

一切为了后代

粪球不仅是我们的食物，更是我们刚出生时的家。家族里的妈妈们繁殖时期会收集很多粪球，并用土遮盖起来，然后把卵产进粪球里。

5

一堆"可口"的大象粪便会在短短15分钟内吸引4000多只蜣螂!

在自然界,每天都会产生大量的粪便,但为什么地球还没有被粪便淹没呢?这可少不了我的功劳。

大自然的"清道夫"

移走粪便,让土壤呼吸

我是个不折不扣的"环保大使"。在发现粪便后,我会把它快速移走并藏起来,给土壤施肥的同时,还疏松土壤,给它们重新"呼吸"的机会。

蜣螂会将粪便中的有机物分解为无机物,促进了生态系统的物质循环。

南美洲的有些蜣螂会飞到树杈上,收集猴子们的粪便。

被崇拜的"圣甲虫"

在古埃及,我的地位非常高,我的祖先有一个很尊贵的名字——"圣甲虫",这比"屎壳郎"好听多了。在古埃及人眼中,我们是太阳神的化身,受到人们的崇拜。他们认为我们滚粪球的运动就像推动着太阳每天从日出到日落一样。

圣甲虫雕饰物

遍布世界各地的"清洁工"

我的家族遍布世界各地，从森林到草原、从沙漠到高山，甚至在北极圈内也有分布。每个成员都为地球的清洁做出了巨大的贡献。

啊，在南极洲你可看不到我，因为那儿太冷了。

我背了一口当地的牛粪，真香！这也算是一份"美差"了。

我可不是粪金龟

我们的远亲粪金龟也喜欢吃新鲜的粪便，所以人们总是把我们混为一谈，但我和粪金龟其实有很多区别，它们比我们差远了。

蜣螂救兵来了

有一天，我和朋友们被人类送到了澳大利亚，这里的蜣螂太挑食了，它们只吃袋鼠的粪便，对草地上的大量牛粪却不感兴趣。所以人类请我们这些"外国蜣螂"来清理牛粪。

粪金龟

两者同属于鞘翅目。

粪金龟背部有一个明显的三角形小盾片。它们只会吃，不会滚粪球。

蜣螂

蜣螂会滚粪球，以粪便为主要食物。蜣螂两足间距离远，用于压粪。

不要弄混我们哦！

为便便而战斗

在粪便资源紧张的地区，想要争夺到一口新鲜的食物可是很困难的。看，前方有一只大型动物刚刚排出粪便，机不可失，快冲啊！

轰！

我们先发现的！

上面又没写你们的名字！

两只蜣螂一前一后合作，在很短的时间内就能滚出粪球并埋藏到地下。

充满战争的世界

前方战场乱哄哄地闹成一片，有些蜣螂在粪便下挖了一条隧道，还有一只雌蜣螂急得直接在粪堆上产卵。我带着我的妻子冲出重围，挖到一块粪便就迅速滚远。可算是抢到属于自己的粪球了！

这些挖隧道的雄蜣螂通常会进行对决，用来保护或争夺隧道的控制权。

半路冒出来的"打劫者"

没想到，就在我们搬运粪球时，另一只雄蜣螂正埋伏在一旁，企图寻找机会"打劫"我们的战果。我勇敢地冲上去和它决斗，幸运的是，它的战斗力并不强，我很快就打败了它。

在便便中诞生

经历了各种磨难后，我和妻子终于安家了。很快，我的妻子在粪球里产下了卵，并挖了一个洞把粪球埋了进去。过了一段时间，我们的宝宝出生了，这个粪球就成了它们的食物。等睡完一个长长的觉，它们就长成成虫了。

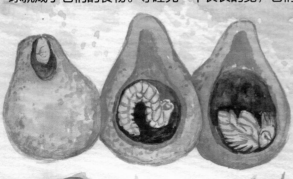

在粪球中的小蜣螂身体是半透明的，渐渐地，它的身体会越来越黑，变得更坚硬。

不好，粪球被偷了

不要以为把粪球滚远后就安全了，我曾经把粪球滚到离出发地很远的地方，但还是不小心被另一只蜣螂偷走了，那个家伙可真是太没有礼貌了。

不要这么小气！

借助雨水冲破硬壳

在太阳照射下，孩子们要想直接冲破粪球是不可能的，必须用雨水软化外壳才行。

法布尔

想知道关于我的更多故事吗？快翻到下一页看看吧。

法布尔的蜣螂幼虫实验

一位叫法布尔的昆虫学家曾做过关于蜣螂破壳的实验，证明了雨水对于蜣螂的重要性。

他把藏有蜣螂幼虫的粪球放进盒子里，保持其干燥，然后在粪球上戳开一个洞，以帮助蜣螂破壳。两个星期后，粪球里的蜣螂用尽力气也没能成功破壳。

法布尔又拿了同样硬的粪球做实验，这次他用湿布包裹起来放在瓶里，等湿气浸透、壳变得松软后再拿出来。过了一段时间，蜣螂就破壳而出了。

失败！

戳洞法

成功！

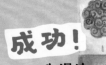

加湿法

法布尔的故事

也许你见过不少昆虫，可你见过终其一生都在研究昆虫的人吗？在法国，曾经有一个叫法布尔的小学教师真的做到了。

法布尔

法布尔，你怎么又带昆虫来学校？

从小就是昆虫迷

法布尔从小就是一个昆虫迷，发现一种从未见过的小虫子是他最大的乐趣。在学校里，他最喜欢的学科也是当时无人问津的博物学，因为这是一个能与大自然打交道的学科。

从清晨观察到黄昏

一天清晨，他听见石头旁有昆虫的叫声，就趴下观察。几个农夫看见了他。到黄昏收工时，他们发现法布尔竟然还趴在那里。

你们都看不到我？还是法布尔先生"慧眼识虫"！

这个人在这儿趴了一天，就为看一块石头？

我观察的是昆虫，并不是什么石头！

和昆虫一起生活

后来，法布尔专门买下了一片地，取名"荒石园"。对于他来说，这片杂草丛生的荒地就是昆虫乐园，能和它们相伴生活，真是太幸福了。

别踩到昆虫

有的昆虫在法布尔的房前筑巢安家，可法布尔不但不清理它们，反而会在走路时非常小心，以免踩到某只昆虫邻居的"房子"。

《昆虫记》的诞生

法布尔将观察所得详细地记录了下来，用大半生的时间与精力陆续写成了10大卷《昆虫记》。

叔叔又开始一惊一乍了。

法布尔曾发射大炮来测试蝉的听力，结果发现蝉是个"聋子"。

和昆虫说再见

法布尔在他92岁高龄时最后一次巡视了荒石园，不久便与世长辞。《法布尔传》里描述了这样一幅画面：在他的葬礼上，蝴蝶、螳螂、蜜蜂等小昆虫前来送行。

再见了，朋友们。

吃桑叶，吐蚕丝

当我还是一只蚕宝宝的时候，我有一个神奇的本领，那就是吐出坚韧的蚕丝！

吐丝时，蚕宝宝的头部会以"S"形或"8"形来回摆动，就像一台忙忙碌碌的"纺织机"。

看我的吐丝大招

当我把桑叶吃进去之后，会对其中的营养成分进行消化和吸收，然后在丝腺中储存下来形成丝液。当吐出的丝液与空气接触后，便形成细长的蚕丝。

蚕丝的百变魔法

蚕丝用处多多，不仅摸起来柔软光滑，还十分坚韧、有弹性，有些抗拉强度甚至超过钢铁。我听说人类充分发挥了蚕丝的作用，不仅可以把它变成漂亮、舒适的衣服，还使它成为医疗、工业等领域的重要材料。

有一首古诗写道："春蚕到死丝方尽，蜡炬成灰泪始干。"实际上蚕宝宝吐完丝后并不会死去，它只是用丝线把自己紧紧裹住，进入生命的下一个阶段。

"春蚕到死丝方尽"是真的吗？

在自然界，很多小动物都能制出强韧的丝线，其中有些蜘蛛丝的强度比蚕丝还要大呢。

嘿嘿，还是我更厉害！

从蚕丝到丝织品

我吐出来的蚕丝是人们珍贵的纺织原料，人们可以从蚕茧中抽取出蚕丝，并把蚕丝织成柔软滑爽、光泽明亮的丝织品。

丝绸是中国的特产，也是古代中国与其他国家在商路上大规模商贸交流的主要货物。人们把这些商路叫作"丝绸之路"。

蚕丝如何变成丝织品？

1　饲养蚕宝宝。
2　蚕宝宝化为蚕茧。

3　水煮蚕茧、缫丝。
4　把丝线织成丝织品。

悠久的蚕桑文化

几千年前，我的祖先们栖息于桑树上，被人类无意中发现。经过长期的培育和选择后，我们被驯化为需要依靠人类生存的家蚕。

蚕丝的颜色大多数是白色或黄色，但科学家已经运用高科技培育出了很多种能产彩丝的蚕宝宝。

什么东西掉了进来？

传说嫘祖将树上的蚕茧放进开水里煮，搅拌后却牵出了长长的蚕丝，这就是最早的"缫丝"。

13

蚕蛾

蚕宝宝的成长日记

本篇内容摘自蚕宝宝（后来变成蚕蛾）阿白的日记：

大家好，我叫阿白。每天，我都会把自己的变化记录下来。

| 蚕卵 | 幼虫期（蚕宝宝） | 蚕蛹 | 成虫期（蚕蛾） |

蚕蛾需要换四次"衣服"，才能从一开始小小的蚕卵变成一只翅大大的蚕蛾。

刚出生时黑黑的

刚出生时，我还是一颗小小的蚕卵，今天，我终于破卵而出了。我全身都是黑乎乎的，只有蚂蚁般大小，被称为"蚁蚕"。

蚕的生长速度快极了，整个幼虫期的体重和身长都会发生极大的变化。

有好胃口才能长得胖

别看我只有小小一只，我可是一个"大胃王"，可以尽情地啃食桑叶。渐渐地，我皮肤的颜色越来越白，体形也越来越大。经历4次蜕皮后，我就变成了一只熟蚕。

吃饱了，睡个好觉

今天，我要开始为结茧做准备了。首先要做的是找一个方便蚕丝固定的地方吐丝。听妈妈说，等蚕茧完成的时候，我就可以藏在茧里休息、转化为蚕蛹了。

蚕茧是由长长的蚕丝组成的，丝长甚至可以围绕一个周长约1000米的小花园。

绕啊绕啊绕

蚕蛹一开始像一颗白色的花生，后来渐渐变成深褐色。

14

湿漉漉的"成年仪式"

我以蚕蛹的形态"深眠"了很久很久，有一天，我意识到自己是时候出来了！

吐出了一种液体后，我用湿漉漉的身体冲破外壳，经过一番努力后，我终于钻出来了。外面的阳光暖洋洋的，我终于变成一只成年的蚕蛾了。

我的身体还湿漉漉的，需要晾一晾。

由于被人类饲养已久，蚕蛾用到翅的机会越来越少，飞行能力大大减弱。

朋友，别难过，我们都一样。

小鸡

夜蛾

你分得清蚕蛾与夜蛾吗？虽然它们长得很像，但夜蛾却属于另一个大家族。只有蚕蛾小时候吐出的丝才能变成丝绸。

蚕蛾

我全身都覆盖着白色鳞片，就像穿着雪白的毛绒大衣。

我们成家啦

成年后的我一直在寻找我的另一半，今天，我终于找到了！我向它释放出一种激素去吸引它，没想到它也回应了我。不久之后，我们的小宝宝就要出生啦！

新的成长循环又要开始啦！

15

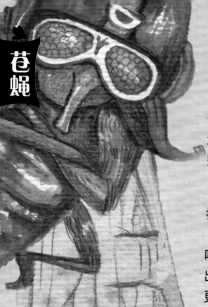

抓不到的"嗡嗡怪"

作为一只苍蝇，我飞起来快得人们连个影子都抓不到。不仅如此，我还有各种各样的本领，多得数都数不过来。

> 我飞起来就像火箭一样。

我是飞行高手

人类说昆虫都有两对翅，但为什么我看起来只有一对呢？其实是因为我的另一对翅已经退化了，不仔细看是看不出来的。虽然这对翅很小，但它可以帮助我掌握平衡、飞得更稳当。

嗨呀！

会"说话"的翅

每当我飞过，人们总是能听到"嗡嗡嗡"的声音，这其实不是我在说话，而是我的翅振动引起空气振动的声音。

> 苍蝇不仅飞得很快，每小时能飞行约 6~8 千米，还可以做出向后飞、悬停和旋转等多种动作。

好险！

旋转！

动作敏捷反应快

在遇到危险时，我可以极其迅速地逃跑。看见了吗？那个小男孩的速度简直太慢了，我只要用中足和后足往墙面上一蹬，就可以在 0.03 秒的时间内离地并展开翅，他当然碰不到我了。

> 为什么我速度这么快，还是打不到它！

> 捕蝇草是一种食虫植物，它能够很迅速地关闭叶片捕食苍蝇。

> 你逃得再快，也逃不出我的"手掌心"！

苍蝇

厉害的复眼

我能拥有如此灵敏的反应，自然不只是翅的功劳，还要多亏我那由约4000个小眼组成的复眼，它们虽然不能像人眼那样转动，但视野宽广，我依靠它们能看清约360°范围内的物体。

传花粉亚军

虽然人们总是把我与污垢和疾病联系起来，但我有时候也能发挥巨大的作用。人们根据我喜欢吃甜甜的东西这一点，发现我是继蜜蜂之后最重要的传粉媒介昆虫，没想到我也有"翻身"的一天。

你见过眼睛和脑袋一样大的动物吗？我就是！

我被人们誉为花丛中辛勤的劳动者。

没想到吧，你们都讨厌的我其实是第二名。

冠军：
蜜蜂

亚军：
苍蝇

头蝇圆圆的头部几乎被巨大的复眼完全覆盖，看起来就像一个麦克风。

笛卡尔与苍蝇的故事

据说有一天，一只苍蝇不停地在天花板上嗡嗡乱舞。躺在床上的笛卡尔盯着这只苍蝇，突然想到了一个数学问题：如何精确地给这只苍蝇定位。这位伟大的数学家就这样思考出了直角坐标系的概念。

破案小能手

我的一位丽蝇朋友曾向我炫耀过它们家族的历史：一位警察在没有任何其他线索的案发现场看到了丽蝇卵，根据它们的习性进行推测，从而侦破了这场重大案件。

好烦的苍蝇！等等，如果这样想……

丽蝇会在鱼和腐肉上产卵，这些卵会孵化出幼虫，进而变成蛹、成虫。因此法医只要检查一下死者身上的丽蝇生长到了哪个阶段，就能判断死亡时间了。

17

苍蝇

快看，是餐桌

当我和伙伴在野外闲逛时，正好发现有人在野餐，这可是个大饱口福的好机会！

> 快看，这里有一堆好吃的！

> 这块点心软软的，躺起来真舒服。

> 一只讲究的苍蝇饭前一定要洗"手"。

先搓"手"再进食

在进食之前，我得先搓一搓我的足，把上面的脏东西清理一下。因为我用来分辨味道的器官就长在足上，如果太脏，就会影响我对食物味道的判断。

> 苍蝇的足上长满了感觉绒毛，每根绒毛上都有两个感受咸味的细胞、一个感受甜味的细胞和一个感受水的细胞。

> 世界上最小的苍蝇幼虫仅有 0.4 毫米大，相当于一颗细盐粒的大小，它会寄生于蚂蚁脑中直到蚂蚁死亡。

独特的口味

我喜欢吃甜甜的食物，但我听说有些苍蝇的口味特别极了。有的对酱油情有独钟；有的专门吸食人或动物的血液；有的还专门从垃圾和排泄物中寻找食物！

> 咦，好恶心……

> 我爱酱油。

> 不要抢我的食物！

蚊子

吃东西要靠"吸"

和很多昆虫一样，我只能吃液体状的食物，因此在进食前我会分泌大量的唾液将食物溶解，待食物变为液体后，再吸到肚子里。

吐泡泡可以帮助苍蝇重新吞吐未消化的食物。在动物界，很多动物都拥有吐泡泡的技能。

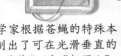

螃蟹

南非泡沫蝗虫

星鼻鼹

会爬墙的足

我的每只足上都长有爪垫，上面分泌出的汗液能提供巨大的吸力，帮助我在光滑的墙壁上自由自在地爬行，就像踩着吸盘一样移动。

我还能够在天花板上倒立呢。

科学家根据苍蝇的特殊本领，研制出了可在光滑垂直的墙面上工作的"吸盘式机器人"。

别走……

移动细菌舱

一提到我，绝大多数人类的反应就是脏……谁让我天生就是一个移动细菌舱呢！当我吃饱喝足飞远后，留下来的就是一大片细菌微生物。

内有细菌

天热的时候，天冷的时候

在夏季，人们经常看到牛的尾巴甩来甩去。嘿嘿，其实是我在捣乱。人们还给我们编了个歇后语：牛尾巴拍苍蝇——凑巧了。如果有一天我离开了，牛大哥会不会想我呢？

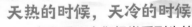

到了冬天，我就不爱到处飞行了，因为过低的温度很可能把我冻死。钻洞也好、待在大型动物身边也好，我得赶紧找一个能保暖的地方让自己撑到下一个春天。

提起我的名字——蝽，很多小朋友可能都不太熟悉，但我还有另一个耳熟能详的小名——臭大姐。要知道，我会放屁的本领那可真是"臭名远扬"了。

哎呀，好臭

前方危险，有一只螳螂正在向我扑来！不过不用担心，我腹部的臭腺已经做好了准备：3、2、1！释放臭液！逃！

爱放屁的"臭大姐"

只是读音相同，你和春天可没什么关系！

黄鼠狼又叫黄鼬，它会排出臭臭的气体以自卫。

别叫我臭大姐，我可是代表了美丽的春天！

大多数蝽遇敌后会通过分泌臭液自卫，同伴闻到臭液挥发的气味后也会赶紧藏起来。

别往前爬了，快跑！

地上和水下都有我的家

我们蝽家族种类繁多，栖息地也很多样，有些成员生活在植物叶片上或土壤里，有些成员则生活在池塘、湖泊等水中。

仰泳蝽和负子蝽就生活在水中，快去讲述水生昆虫的那一册里找找看吧！

与众不同的翅

除了会"放屁"，我还有一个特征，那就是与众不同的翅。我的前翅有一半就像皮革材质一样；另一半则像一层膜，十分轻薄。

坚硬！

轻薄！

好烫！

100℃

气步甲比蝽更厉害，它们可以喷出温度高达100摄氏度的臭气弹。

看我的厉害！

斑须蝽

菜蝽

稻绿蝽

赤条蝽

不挑食，吃得香

我的大部分同类都以植物为食，在嫩枝、幼茎、花果和叶片组织内吸取汁液。但也有个别"危险分子"会捕猎其他昆虫。

茶翅蝽

唉！

据说有的蝽类竟然以同类为食。

21

有些种类的蝽拥有像面具一样有趣的外壳。

有些种类的蝽还和其他动物撞了脸。

龟蝽

乌龟

一对"牛角"

青蛙

蟾蝽

金绿宽盾
蝽若虫

红显蝽

一张脸?

能和艺术大师同名，真幸运。

角荔蝽

蝽妈妈产的卵也十分精美，就像一颗颗珠宝工艺品，
有些卵看起来还像一个微笑的表情呢。

褐曲附缘蝽若虫

毕加索盾蝽

真开心！

我们可不是巧克力卷！

23

蟑螂的生存智慧

提到我蟑螂，人们总是深恶痛绝，谁让我的生存本领就是这么厉害呢！

我生活在现代，和恐龙一点也不熟啊。

曾经有化石显示蟑螂出现于石炭纪，但新研究发现它们和现代蟑螂似乎并不是一回事。

蟑螂有强大的繁殖能力，广布于世界各地。

昆虫界的"年轻人"

人们曾以为我们是"历史悠久"的昆虫，甚至见证了恐龙的诞生与灭绝，但我的祖先一直到侏罗纪才迟迟登场。

德国小蠊的个头比我小很多。

都是室内常见的蟑螂种类。

美洲大蠊、德国小蠊等

美洲大蠊

蟑螂左右足可以有节奏地交替前进，以此实现高速爬行。

德国小蠊

隐形的"寄住者"

今天是我搬家的日子，但是在运送行李的时候，我不小心被人类发现了。现在他们正在驱赶我，不说了，我得先溜走了。

蟑螂普遍喜欢黑暗，总是在不见光的缝隙里爬来爬去，它们行动很迅速，往往在人们还没来得及驱赶时就已经逃走了。

舒服！

在舒适的地方安家

经过一番折腾，我总算找到了温暖、潮湿的新房子，希望这次寄住的时间可以长一些。

蟑螂的胃里长着"牙齿"般的器官，能帮助蟑螂嚼碎吃进胃里的食物。

不挑食的家中"吃货"

经过一段时间的观察，这家人的食物种类非常丰富。我是个不挑食的"好宝宝"，几乎什么都能吃，不仅钟爱香、甜、油的食品，就连皮革、纸张等杂物我也不会放过。

这些蟑螂不一般

每次我一现身，总能听到人类的尖叫声。其实除了我们少数"城市蟑螂"，绝大多数蟑螂都生活在野外，不会和人类打交道。所以"一虫做事一虫当"，还是不要把这些"恶名"也带到它们身上啦。

这里的环境比上个地方好多了！

想要让蟑螂离你的食物远一点？那就不要在桌子上长时间放置食物，吃过的东西也要马上打扫干净。

蟑螂和白蚁其实是近亲，它们可以一起担负分解朽木和落叶的重任。

蟑螂刚刚蜕皮结束，从若虫变为成虫时是白色的。

一些科学家利用蟑螂的特点，研制出了一款"踩不坏"的蟑螂机器人。

蟑螂并非全都"相貌丑陋"，古巴蟑螂长得就十分奇特，是一种受欢迎的宠物昆虫。

25

吸血"魔王"来了

只要有我虻存在的地方，其他昆虫都要抖三抖，因为无论在森林还是沼泽，到处都能看到我寻找猎物的身影。

厉害的"女战士"

人们通常称我这种雌虻为牛虻，只要我一召唤，我的姐妹们就会一拥而上，聚集在牛和马的身上，我们吸满一肚子血只要几分钟的时间。

我选择清淡的饮食。

雌虻的口器就好像小刀一样，能够划开皮肤再吸食血液。

雄虻口器退化，通常只吸食植物的汁液。

虻自小就生活在潮湿的泥土中，漫长的幼虫期占据了其生命中的大部分。

幼虫期 蛹期 成虫期

幼虫期长达数月至数年；蛹期较短，有大概5天到3周；成虫期1周到两个月不等。

搏牛之虻

《史记·项羽本纪》中有一个典故："夫搏牛之虻不可以破虮虱。"意思是想要除去牛身上的虮虱，拍打虻虫是没有用的。

大号"苍蝇"

人们总是把我认作特大号的苍蝇，但苍蝇的口器只能舔吸普通食物，而我们的口器可是能吸血的"武器"。

虻

苍蝇

空中的魔鬼

　　如果只是碰到我，那些小昆虫还有机会逃出生天，但要是碰到我的大哥食虫虻，就算是大黄蜂和蝗虫都得求饶。大哥在昆虫界可是有着"空中魔鬼"的称号。

说的是我吗？

今日食谱：
大黄蜂

1
猎物出现后，食虫虻会趁它们不注意突然袭击，然后用足牢牢地夹住猎物，不让它们有机会逃离。

有些雄性食虫虻甚至会把猎物作为"结婚礼物"送给雌性。

2
食虫虻会迅速把含有神经毒素和消化酶的唾液注入猎物体内，等猎物内部溶解后再慢慢享用。

小头虻不仅头很小，背上还长了个"大鼓包"，因此也可以叫作驼背虻。

有些虻也很可爱

　　虽然我早已威名在外，但家族里还是有一些以花蜜等为食的"素食者"，受到人们的喜爱。

　　在非洲南部繁衍生息的长吻虻是花蜜的嗜食者之一，它的"长鼻子"是其身体长度的5倍。

我是昆虫界的匹诺曹。

蜂虻像一只寻花采蜜的小蜜蜂，全身都毛茸茸的，可爱极了。

坟墓下的"小吃货"

自然界中的小动物死后，都去了哪里呢？它们可能会被其他动物分食，也可能会被微生物分解。当然，也有我这种专业的"殡葬师"——埋葬虫，我能为它们提供埋葬服务。

近期埋葬成果：

青蛙 × 4　　鸟类 × 3　　老鼠 × 2

吃饱了才有力气干活。

昆虫界的"怪口味"

我头顶两根长长的触角，披着带有橙红色斑点的黑外套。别看我长得漂亮，我喜欢吃的食物可怪得很，那就是死去的小动物。

埋葬虫触角末端可以感知到死去小动物的位置。

一旦发现目标，它们便会振动翅招来同伴。

埋葬虫会快速地把死去的小动物埋到松软的土层下面。它们不会立刻享用食物，而是把分泌物涂上去，就像盖了层保鲜膜。

雌虫会在附近产卵，当幼虫孵化出来后，靠气味爬到小动物身上，进去取食。

老鼠大哥，我们会给你葬在一个好地方。

团队作战，协力埋葬

如果碰到一只死去的小动物，我会赶紧叫来朋友。在几个小时内，我们一起把这只动物掩埋在地下，就像是给它建造了一个"地下墓室"。

找找我还去了哪儿?

当然,我也不是成天都围绕着这些死去的动物,如果仔细观察,你还可能会在这些地方看到我。

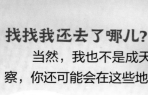

洞穴　　　　　蜂房　　　夜晚的亮光处

浓浓的亲情

我们埋葬虫愿意为了后代"未雨绸缪",抓紧时间与配偶一起"埋葬"小动物。在地下填饱肚子后,我们就开始为即将出生的孩子们做准备了,一定要给孩子提供充足的食物和较为安全的生活环境。

最早的"清道夫"

自然界中存在着三类昆虫"清道夫":一是蜣螂,二是丽蝇,第三便是我!我的家族已经有1.65亿年历史了,从很早以前就为保护地球的生态环境做贡献。

埋葬虫的幼虫会得到爸爸妈妈的精心照顾。直到幼虫变成蛹,父母才会安心离去。

埋葬虫一旦遭受骚扰或攻击,就会排出一大堆粪液,通过散发出浓烈恶心的臭味来驱赶敌人。

身材迷你的小蜂家族

在蜂家族里可不只有鼎鼎大名的蜜蜂和胡蜂，还有我这种看起来更小的小蜂。

你们也是蜜蜂吗？

走错了，这里是小蜂的地盘。

榕小蜂与好朋友榕树

我叫榕小蜂，是榕树最好的朋友，因为只有我能帮助它们传粉。每当榕树花朵成熟后，我就可以闻到一种特殊的气味，钻入果实上专门为我留下的孔洞，进入内部，帮助它传播花粉。

榕小蜂在果实内部传粉的同时，也会在内部产卵，它的宝宝在里面出生，直到长大才离开榕果开始新的生活。

是我下单的传粉服务上门了吗？

无花果是一类榕树的果实，它只是看起来"无花"，其实是花朵被外面膨大的花序托包裹起来了。

寄生蚂蚁巢穴的蚁小蜂

我们小蜂家族还有不少以寄生为生存法则的亲戚。其中蚁小蜂宝宝以蚂蚁为寄主，它的移动距离有限，所以会悄悄附在外出觅食的工蚁背上。

蚁小蜂宝宝可以模仿工蚁身上的气味，神不知鬼不觉地混入蚂蚁的巢穴中，再寄生到蚂蚁幼虫上直到长大。

我的同伴在哪里?

怎么还有模仿我的?我还是离开这里吧......

花丛中的高仿"蜜蜂"

想知道有关蜜蜂的知识吗?去讲述巢穴的一册找找吧!

如果你在花丛中看到黑黄相间的"小家伙",那可不一定是蜜蜂,也有可能是正在模仿它的我。

这是蜜蜂还是苍蝇

其实我的真实身份是食蚜蝇,一只利用蜜蜂的身份躲避敌人的"假蜂"。虽然颜色相近,但我和蜜蜂还是有很多不同之处的。

蜜蜂	 翅为两对。	触角较长。	 后足毛茸茸的。	飞的时候摇摇晃晃。
食蚜蝇	一对翅已退化。	触角偏短。	后足纤细。	飞起来特别平稳。

食蚜蝇被捉到时会模仿蜜蜂针刺的动作,但它们并没有螫针,只是"装腔作势"地吓唬人。

吓唬完赶紧跑!

食蚜蝇其实是一类苍蝇,但它们看起来更像是苍蝇和蜜蜂的结合体。

防治蚜虫的好帮手

为什么人类叫我食蚜蝇呢?这个名字其实来源于我的幼虫时期。那时的我可是个"大胃王",一天能吃掉将近100只蚜虫,农民都说我是防治蚜虫的好帮手。

头 苍蝇 + 身体 蜜蜂 = 食蚜蝇

"四只"眼睛的游泳大神

如果你碰巧发现了浮在水面上的我，一定不要把我误认为半粒黄豆。我可是水中的游泳大神——豉甲。

水上的眼睛侦察危机四伏的陆上空间。

水下的眼睛探查美味的食物与可怕的天敌。

水上水下"四只"眼睛

"1、2、3、4。"我知道你一定在数我眼睛的个数，但实际上我只有一对复眼，只是每个复眼被分成了上下两部分，所以看起来像是四只……

敏捷的身躯

我在水中游泳的动作快而敏捷。有时我还可以在水面快速旋转，看起来像是一艘微型快艇。

豉甲潜入水中会带一个小气泡下去帮助它在水中呼吸。

在水中长大

我的妈妈在水下的植物近水面的叶片上生下了我，孵化出来后我就掉到水下的根茎处，之后一直在那里生活，待到准备化蛹时再从水中爬出来。

琥珀中的化石

豉甲是一类古老的昆虫，昆虫学家通过琥珀中的豉甲化石推测出它们的起源可以追溯至二叠纪晚期或早三叠世。

遇到危险时，豉甲会迅速扎入水中。

贤惠的纺织高手

足丝蚁

屋子的防水做得太好，想喝水还得出来接。

我叫足丝蚁，不过我可不是一只蚂蚁。

用丝网织个家

我经常栖息于石块、树皮裂缝间，在其中泌丝结网、构筑隧道。平时，我就躲在丝网里，躲避风吹雨淋。

足丝蚁能在丝网中迅速前进、后退，并且善于隐蔽，昼伏夜出。

谁是真正的蜘蛛侠？

蜘蛛 ✗   ✓ 足丝蚁

孩儿们真听话！

参与家务活的足丝蚁宝宝

我的孩子们都很勤快，每当我需要织网的时候，它们也在旁边学习产丝，并且越长大产丝的能力越强。

会吐丝的前足

我的足真的会"吐丝"！人们都说蜘蛛侠是家喻户晓的英雄，能从手腕处发射出蜘蛛丝。但蜘蛛的丝腺其实长在腹部末端，而我的丝线才是从前足分泌出来的，货真价实的"蜘蛛侠"应该是我才对。

33

左边这位就是我的经纪人。

实验室里的"大明星"

曾经，有一个人用毕生的精力研究果蝇，从中发现了生命遗传的关键——染色体，使果蝇名扬天下。这个人就是美国科学家摩尔根。

摩尔根的实验

摩尔根一直痴迷于研究果蝇，他的实验室被称为"蝇室"，里面到处放着饲养果蝇的瓶瓶罐罐。但是过了好多年，他还是一无所获，这令他很苦恼。

一只苦恼的白眼果蝇

在实验室里，有一只小果蝇也非常苦恼，因为它的爸爸、妈妈和兄弟姐妹都是红色眼睛，只有它的眼睛是白色。一天，摩尔根的妻子发现了这只白眼果蝇。于是，小果蝇成为了摩尔根的实验对象。

为什么只有我的眼睛是白色？

你的眼睛颜色不同，是因为基因突变了。

突变是指孩子拥有与父母或祖先完全不同的特征。

34

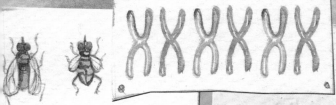

染色体的发现

摩尔根在对这些果蝇的研究中，发现了染色体的遗传规律，从而发展了遗传的染色体学说。

成功突变的白眼果蝇长大后，摩尔根为它找到了一只红眼果蝇进行交配，并生出了很多孩子。

因为白眼是基因突变的结果，所以不容易被遗传。

它们的孩子全部都是红眼睛。

它们的孩子长大后，也生出了后代，其中竟然又出现了产生基因突变的白眼果蝇。

我又遗传到白眼睛啦！

为什么科学家要选择果蝇作为实验对象呢？

果蝇繁殖能力很强，15天便能实现"三代同堂"。

果蝇个头小，一个小瓶子就能装下几百只。

因为果蝇具有容易区分的特征，且繁殖速度快、易饲养，所以很多科学家都优先把它作为遗传学的实验对象。

饲养成本低，一小块水果就足以养活一家子果蝇。

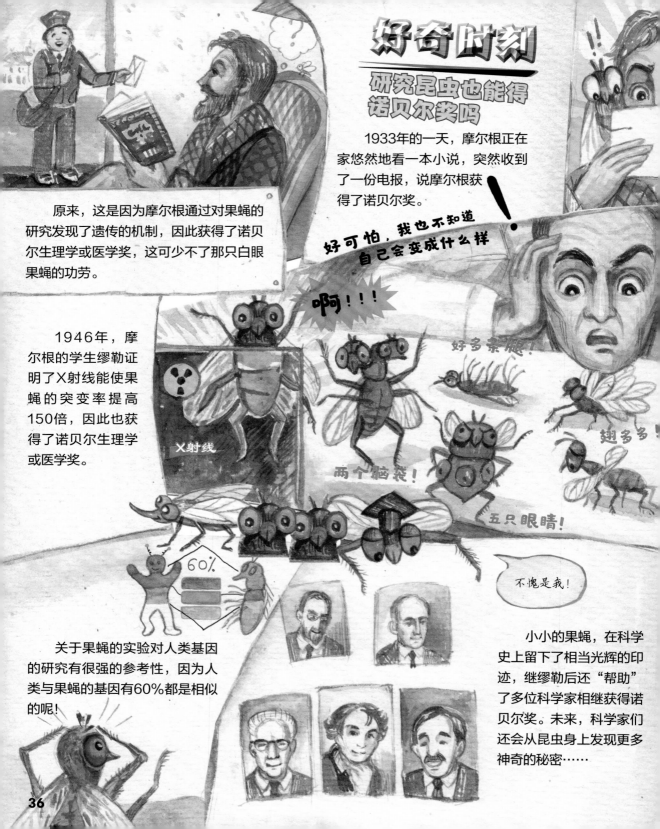

好奇时刻
研究昆虫也能得诺贝尔奖吗

1933年的一天，摩尔根正在家悠然地看一本小说，突然收到了一份电报，说摩尔根获得了诺贝尔奖。

原来，这是因为摩尔根通过对果蝇的研究发现了遗传的机制，因此获得了诺贝尔生理学或医学奖，这可少不了那只白眼果蝇的功劳。

好可怕，我也不知道自己会变成什么样

啊！！！

好多条腿！

两个脑袋！

翅多多！

五只眼睛！

1946年，摩尔根的学生缪勒证明了X射线能使果蝇的突变率提高150倍，因此也获得了诺贝尔生理学或医学奖。

X射线

60%

不愧是我！

关于果蝇的实验对人类基因的研究有很强的参考性，因为人类与果蝇的基因有60%都是相似的呢！

小小的果蝇，在科学史上留下了相当光辉的印迹，继缪勒后还"帮助"了多位科学家相继获得诺贝尔奖。未来，科学家们还会从昆虫身上发现更多神奇的秘密……